新・日米安保論

柳澤協二 Yanagisawa Kyoji
伊勢﨑賢治 Isezaki Kenji
加藤 朗 Kato Akira

a pilot of wisdom

JN258999

目次

戦略と互恵性なき同盟関係
歴史的に同盟はその時々の国益によって変更されるもの
尖閣をめぐるナショナリズムと平和主義の問題
曖昧模糊とした同盟関係
護憲派、改憲派双方が冷静に直視すべき状況とは
アメリカとの軍事的な一体性を誇示することは別のリスクを生み出す
中国に対する日米の脅威認識のズレ
日本が戦争なしに生き残る道はある
平和であることを第一と考えるのか、中国に負けないことを第一と考えるのか
弱小国になろうとしている日本と東アジアの集団安全保障体制の行方
共通の敵なき日米同盟は将来的には危うい

第三章　対テロ戦争と日本

9・11以降の対テロ戦争と日本の関係

第五章　日米地位協定の歪みを正すことの意味

第六章　守るべき日本の国家像とは何か

自衛隊を使わないのが原点である平和憲法をめぐる揺らぎ
迫られる日米安保の再定義
米中関係から独立して、日本がどういう立ち位置を取るのか
米軍基地があるから攻撃対象になるというジレンマ
日本にとって守るべきものは一体何なのか
ロシアとも対等に交渉できるノルディック・ピースという外交文化
自由と民主主義の限界と複数の文明的秩序観の共有
異文化の流入を許容できるか
日本のアイデンティティーを求めて
自衛隊は自分たちを否定する憲法を守るために、命を捨てる覚悟はある
憲法九条で自衛隊の部隊派遣を運用する根源的な矛盾
今やＰＫＯが先制攻撃まで認められる時代
ＰＫＯ参加の自衛隊は勝手に日本人を助けに行けない
人任せのチャリティーは心の中の免責
日米同盟というより、日米同化している現状

構成／松竹伸幸（「自衛隊を活かす会」事務局長）

本書は「自衛隊を活かす会」（正式名称「自衛隊を活かす：21世紀の憲法と防衛を考える会」）の編集協力を得て作成されました。「自衛隊を活かす会」は、本書の三人の執筆者が呼びかけ人（代表は柳澤協二）となって二〇一四年六月に結成されたもので、自衛隊を否定するのではなく、かと言って集団的自衛権や国防軍に走るのでもなく、現行憲法の下でつくられた自衛隊の可能性を探り、活かすことを目的に活動しています。

はじめに　護憲派も改憲派も、戦争を他人事《ひとごと》と捉えているという問題

柳澤協二

ここ数年、憲法をめぐるいろいろな議論があり、安保法制をめぐる議論もありました。その中で、我々三人が三年ほど前に結成した「自衛隊を活かす会」は、二〇一五年、専守防衛に徹する自衛隊がいいのだという趣旨の提言を出しました。私自身も、防衛官僚だった立場から、日本は専守防衛で、他国に脅威を与えるような軍事大国にはならないという方針でずっとやってきていたので、そのポジションを維持すべきだという発想に違和感はなかったわけです。

しかし、よく考えてみると、そういうことが可能であったのは、実は米軍が日本に基地を置いて、背後で抑止力として存在して、それが他国に脅威を与えるほどの存在だったから、戦争に巻き込まれずに済んできたという面があるのではないか。抑止力というのは、蓋然性のある侵略国に対して、報復の脅威を与えることによって相手の戦争意思をくじくものですから、米軍の存在を抜きに専守防衛の自衛隊だけでは、抑止力は成立していなかったのではないか。

つまり、日本自身は他国に脅威を与えたくないけれど、アメリカが他国に脅威を与えていて、それが同居しているから、結果的に憲法九条の下で自衛隊が専守防衛という旗を掲げてやってこられたのかもしれない。とすれば、我々が今、日本の安全保障をめぐって一番考えなければいけない大きな問題は、実はそこにあるのではないかと思うのです。憲法の中身をいくら議論しても、その憲法の外にアメリカがあって、それで日本の安全保障が成り立っているとすれば、安全保障の答えは憲法論議からは出てこないということです。そこに、いわゆる護憲派の弱点があると思います。

そこをしっかり考えておこう、日米安保のありようをどう捉え、どう変えていくのかを考えようというのが、いつも顔を合わせているメンバーだけれども、今回、改まった場を設けて議論する一番大きな動機です。二〇一六年九月には新安保法制が成立し、日米共同の訓練も始まっている。南スーダンに派遣された自衛隊に「駆け付け警護」の実任務が付与された局面ですから、緊急性もあると思います。

先日、群馬県で安全保障のお話をする機会があったのですが、同じ会場で、アメリカ海兵隊にいたことのあるマイケル・ヘインズさんという方も来ておられた。その彼の話が、それはもうリアリティに満ちていて、ものすごく強烈でした。以下、私なりに理解したストーリーですが、海兵隊のスナイパーとしてイラクへ行って、民家に押し入って、中に若い男がいれば誰でも捕まえてくる、毎日そんなことをやっていた。そして、退役して分かったのは、そういう軍隊の経験の中で身に付けたのは人を撃つ技術だけだということだった。こんなもの、社会に戻っても何の役にも立たないのだと分かると、最初に怒りが湧いてきて、それから他人を責めて、自分を責めていく過程がある。今ようやく、起きたことを受容できるようになって、社会と関わることができるようになり、自然農業をやっているそうですが、そうやって社会復帰できるまで一〇年かかったと言うのです。

その話を受けて私は、彼が戦場で人を殺した経験を克服するのに一〇年かかったと言っているけれども、これから自衛隊も同じようになっていくのだから、そこをどう受け止められるのかという問題提起をしたのです。そうしたら、講演会のあとで通訳の方に指摘されたのは、「彼は〝人を殺した〟という言葉は使っていません」ということでした。そう言われるとそうなのです。そしてそれが何を意味しているかというと、自分の認識不足をまた思い知らされたような感じもあったけれど、人を殺した経験は一〇年やそこらでリセットできないということです。一番コアな部分は、封印しながら、他の一般的な戦争への嫌悪のような形に置きかえる中で、一〇年かかって社会復帰ができたということなのだと思います。すごくそこはセンシティブなもので、生きている限り引きずっていくものかもしれないと感じました。

いずれにせよ、日本社会はこのまま行くと、彼と同じ体験をしていくことになる。「それでもいい」という展望を示せないところに、今度は改憲派の弱点がある。

つまり、護憲派も改憲派も、暗黙のうちに戦争を他人事と捉えている。アメリカ抜きで日本の国土を守れるのか、海外で戦った場合にどういうことが起きるのか、そういう課題とどう向き合っていくのか、そして、同盟にかわる選択肢を提示できるのか、考えなければいけません。

それがこの鼎談《ていだん》を通して何らかのヒントを得ていきたい最大のポイントです。

第一章　トランプ大統領をどう捉えるか

日本の取るべき進路を考える

柳澤　ちょうどトランプさんがアメリカの大統領になったので（二〇一七年一月）、そこから開始しようと思います。トランプさんが大統領選挙に勝つというのは、ほとんどの人が予想していなかったと思います。というよりも、客観的な分析の下にヒラリーさんの勝利を予想したのではなく、トランプさんの勝利を予想したくなかったのではないでしょうか。トランプさんが勝利すると予想した場合、では日本はどうするのだというテーマがあまりにも大き過ぎて、予想しようがなかったというのが本当のところでしょう。

トランプ大統領が発するメッセージは、冒頭に申し上げた問題意識とストレートにつながるものです。要するに彼は、もう日本を守らないと言っているわけです。そうすると、それが現実にどういう政策になってくるかは別として、理念の世界で考えた場合、アメリカが世界の警察官をやめ、日本は自分で自分を守れとトランプ大統領に言われた時、日本はどこまでやれて、何が足りないのかを探らなければならなくなってくる。

私は、端的に言えば、よその国に守ってもらうということは、独立国として本来おかしいことだと思います。今まではアメリカがドラえもんになって、困った時に必要なものを出してくれる前提で考えていたから、のび太である自分のほうが何をやるかということを深刻に考えなくても良かった。やれる範囲でやっていれば、あとはドラえもんが何とかしてくれるという発想で、思考停止の部分があったわけです。

しかし、それでは済まないわけですから、真剣な議論と検討が求められる。その議論と検討を徹底的にやっていけば、アメリカに何かを頼むのか頼まないで済むのか、頼むとすれば何なのかという、一つの理念型が見えてくるはずです。そういう意味で、トランプ大統領の誕生は、かえっていいチャンスです。

日本政府は今、あわててパイプをつくろうとしています。確かにパイプがなければ好き勝手をやられてしまうという事情は分かりますが、一方、パイプがあったらあったで、今度はパイプを通って好き勝手なことが要求されてくることになります。どっちにしても、日本にとって今までのような楽な方法というのはない。

大きく括《くく》れば、日本の取るべき進路というのは、三つしかないと思います。アメリカが守ってくれないのだったら自分で全部やるという選択肢が一つ。トランプさんの言うように、自分で核武装もするというものです。二つ目には、いやそれはいくら何でも無理だということで、アメリカの言うことを何でも聞くから、とにかく今まで通り何とか守ってくれませんかというやり方です。三つ目に出てくるのが、まあちょっと待てというものです。私が先ほどから申し上げているように、そういうことを決める前に、自分でやらなければいけないこと、アメリカに本当に頼まなければいけないこと、それらを自分の頭でもう一回考え直そうというものです。

この問題は、新安保法制をめぐる一連の論争の中で、いわば忘れ物のような部分でした。同時に、トランプ大統領の誕生によって、現実的な課題として考えなければいけなくなりました。そういう意味で、今回の企画には意味があると思います。そこでまず、トランプ大統領誕生について、お二人の印象、感想、分析なりを伺うことにします。

トランプ当選の本質は「負け犬の逆転劇」

加藤　トランプさんを支持したのはどういう人たちだったかということが話題になっていますが、私がおもしろいなと思ったのは、川崎大助というアメリカ音楽の評論家の話でした。彼がヒルビリーの話をしているのです。

ヒルビリーというのは、昔、アパラチア山脈あたりに移住してきたスコッチ・アイリッシュの人たちのことで、独特の文化、コミュニティーをつくったのです。ヒルビリーは田舎者の象徴で、今では田舎の貧乏白人の代名詞になっているそうです。彼らが住んでいた土地は、昔は鉄鋼、石炭産業で潤ったのですが、七〇年代をピークに、八〇年代ぐらいにだんだん衰退していく。そして現在、彼らは完全に取り残された人たちとして、今回の選挙の中でもほとんど忘れ去られていて、いわゆるラストベルト（さびれた工業地帯）の中核を形成する人たちなのです。

柳澤　「じゃじゃ馬億万長者」をご存じですか。昔のアメリカのテレビドラマなんですが。

加藤　はい、はい。農家の裏庭に石油が湧いてきて大金持ちになったという。

そうです。その原題が「ビバリー・ヒルビリーズ」。ビバリーヒルズに掛けていて、「田舎っぺ」「どん百姓」のヒルビリーとビバリーヒルズの都会の金持ちとのコントラストを下敷きに描かれたコメディーです。

ヒルビリーたちが愛した音楽がカントリー・アンド・ウエスタンです。カントリー・アンド・ウエスタンを愛好する人たちのことを、我々は今回の大統領選で無視、軽視してしまったのです。

私も川崎さんの評論を読むまで知らなかったのですが、アメリカで最大のヒットメーカーは、実はカントリー・アンド・ウエスタンの人たちなのです。アメリカで暮らしてみると分かりますが、カントリー専門のラジオ局はいくらでもありますし、テレビ局もそれこそ二四時間、三六五日カントリーばかりの局があります。それで、ヒルビリーというのは、そういう人たちなのかと思ったのです。

話は飛びまして、"I Will Always Love You"という歌をご存じですか。「ボディガード」という映画のラスト・シーンで、ホイットニー・ヒューストンによって歌われていたので、彼女の歌だとばかり思っていたのです。ところがある時、テレビで「ボディガード」を観ていたら、カントリー・アンド・ウエスタンの曲が流れる酒場のシーンで、主人公役の彼女がジューク・ボックスの"I Will Always Love You"を聴きながら、「カウボーイの歌かしら？（吹き替えでは〈これドリー・パートンの曲ね〉）」とホイットニーが言うのです。それでびっくりして、ドリー・パートンの"I Will Always Love You"を実際に聴いてみると、日本で言うと、ド演歌でした。ところがホイットニー・ヒューストンが歌うと完全にソウル系の曲調というか、全然違う音楽になっている。

ホイットニー・ヒューストンを聴いている人たちというのは、黒人や白人や人種など無関係です。ところが日本で言えば美空ひばりか八代亜紀のような、ドリー・パートンのコンサートで彼女の歌を聴いている人たちは、一〇〇パーセント、白人。おそらく多くがヒルビリーの人たちではないかと思います。つまり、白人のドリー・パートンが歌う「カウボーイの歌」が、黒人のホイットニー・ヒューストンのソウル・ミュージック（？）にかわってしまったというところに現在のアメリカの変化があって、我々は完全にホイットニー・ヒューストンのほうに目を奪われてしまっていて、ドリー・パートンのほうを忘れていたのではないか。

"I Will Always Love You"というのは気が滅入る、ある意味情けない歌です。自分がほれた男が去っていくのだけれど、私がいたら邪魔になるだろうから私は行く、けれども、私はいつもあなたのことを愛していますよという、ただそれだけの歌詞です。

柳澤　詞も、日本の演歌そのものですね。

伊勢﨑　ウェットですね。

加藤　完全なド演歌なのです。ドリー・パートンを支持する忘れられたヒルビリーの人たちがトランプ大統領を誕生させた。パートンからヒューストンに起こったアメリカの変化を、我々は完全に見誤ったのです。多文化共生、多様な価値観の象徴となったヒューストンこそアメリカそのものだと勘違いしたのです。川崎大助氏が指摘するように、「負け犬の逆転劇」がトランプ当選の本質です。

「事実よりも感情」の時代

加藤　もう一つ、トランプ当選の背景には、最近のはやり言葉になっていますが、ポスト・トゥルース・ポリティックス（Post-truth Politics）があります。事実に基づかない政治とでも訳すのでしょうか。ポスト・トゥルース・ポリティックスというのは、イギリスのオックスフォード大学出版局が選ぶ二〇一六年の言葉になっており、「真実の次」という意味が転じて「脱真実」というニュアンスになり、「事実よりも感情」という意味合いで使われるそうです。

でも考えてみたら、「事実よりも感情」に基づく政治はアメリカだけではないのです。日本の新安保法制に反対する運動も論理で進めるものではなく、安倍（晋三）が好きか嫌いかという感情に基づいた運動でした。アメリカでも、トランプが好きか嫌いかということが基準となり、嫌いな人は徹底的に嫌って、だから「大統領になってほしくない」と言っていた。でもその一方で圧倒的に彼を好きな人たちがいて、彼らがトランプを支持したということです。要するに、お互いが「好き嫌い」で判断するものだから、嫌いな人と議論をすることもない。自分たちの仲間だけで話が終わってしまっている。イギリスのＥＵ離脱もまったくそれと同じケースで、今の政治はほとんど好き嫌いの感情で動いてしまっている。
何でこんなことになったのか。私の結論はただ一つです。みんなアイデンティティーを失ってしまったからです。価値判断の基準となるアイデンティティーを失ったために、結局好きか嫌いかの感情に左右されてしまっているというのが私の結論です。

伊勢崎　トランプの登場は、アメリカ社会で埋もれていたアイデンティティーを復活させるということになりますか。

排外主義、好戦的愛国主義の世界的な勃興

加藤　多分、そうでしょう。白人のナショナリズム、ショーヴィニズム（排外主義）とかジンゴイズム（好戦的愛国主義）とか、言い方はいろいろあるかもしれませんけれども、ヒルビリーのアイデンティティーが復活してくるのではないでしょうか。
音楽の話に戻りますが、アメリカでは、白人と黒人の音楽というのは完全に分かれるでしょう。カントリー・アンド・ウエスタンからエルビス・プレスリーのロックが始まって、このロックがイギリスに波及して、ビートルズまで行くわけです。ビートルズのコンサートを見ると分かりますけれど、黒人の聴衆はほとんどいません。六〇年代にアメリカで白人にも受け入れ

られる黒人音楽がものすごくはやったのですが、いわゆるモータウン（レコードレーベルの一つ）系の黒人の——スティービー・ワンダーとかマービン・ゲイ、ダイアナ・ロスのシュプリームズとか——系列はずっとR&Bです。もう一方はカントリー・アンド・ウエスタン系列で、これは白人が担っている。いったんこれがまじり合うように見えたけれども、実は全然まじり合わなかったということです。音楽に如実に現れてしまったのではないか。

ホイットニー・ヒューストンが歌っていた、あの“I Will Always Love You”は、ドリー・パートンのカントリー・アンド・ウエスタンとは全然違う曲調の歌になってしまったわけですが、ヒルビリーの人たちは黒人が歌う“I Will Always Love You”をどう捉えたんだろうか。私はそこに非常に関心があります。

伊勢﨑　排外主義。好戦的愛国主義。もっと前からその明確な兆候が現れ、かつ世界経済、国際秩序への影響から言っても、絶対に忘れちゃいけないのがインドです。ナレンドラ・モディ（インド人民党／BJP）というヒンドゥー至上主義の非常に分かりやすい政治家がインド首相になりました。二〇一四年のことです。民主主義で正当に選ばれた世界最大の政権です。

モディには戦争犯罪級の黒い経歴があるのです。彼がグジャラート州首相の時の二〇〇二年、同州でムスリムに対する大虐殺事件が起こったのですが、その責任を問われているのです。そのためインド首相になるまでは、アメリカは入国ビザを出さなかったのです。

柳澤　知らなかったな。

伊勢﨑　モディは、若い時から「民族奉仕団」（RSS）――ヒンドゥーとイスラム教徒の融和で一つのインドの独立建国をめざしたマハトマ・ガンディーを暗殺したアレです――の熱心な活動家で、そのヒンドゥー至上主義のアイデンティティーを背景に支持を集中させた。トランプの場合は何と言えばいいのか……。

加藤　完全な功利主義。もうかるかもうからないかが基準ではないかと、私は判断しています。

伊勢﨑　モディもそうかもしれません。彼は、実業家のトランプと違って政治家でしたけれども、グジャラート州首相時代にものすごい規模で海外からの投資を誘致して、インド一の経済成長を達成する州にまでしたのです。更に、一般家庭からのし上がった苦労人としてのキャリアを背景に、家族、同族ぐるみの腐敗にまみれたインド独立期からの伝統の「国民会議派」のポリティカル・エリートとは一線を画し、清廉潔白のイメージ戦略を駆使した点でもトランプと似ています。

ブッシュの戦争を終わらせられなかったオバマ

伊勢﨑　さて、そのトランプですが、僕は、実は自分のトークライブなどで、二〇一六年のはじめ頃から控えめでしたが彼が大統領になる、と公言はしていたのです。好き嫌いは別にして、もし僕にアメリカの投票権があったら、トランプに入れるかもしれないと。

その理由は、僕がその黎明《れいめい》期から関わってきたアフガニスタンを主戦場とする対テロ戦です。イラクを経て今はシリアを中心にＩＳ（イスラム国）の問題になって、終わりが見えない。変化のための変化であっても、何らかの転換が必要だと思うからです。それはオバマの路線を継承する人にはできない。

アフガニスタン戦とイラク戦と、このどうしようもない戦争を始めたのは、前の前の大統領であるブッシュ・ジュニア（ジョージ・Ｗ・ブッシュ）です。オバマが最初の大統領選挙に臨んだ時は、前任者が始めた二つの間違った戦争をやめることを公約にしたのです。ところが二〇〇九年に大統領になってみると、ブッシュ時代の国防長官であるロバート・ゲーツを留任させました。その上で、オバマが大統領になって最初の政策は、選挙公約とは裏腹にアフガニスタンへの増兵だったのです。三万人の追加です。

アメリカ国民はびっくりしたでしょう。けれども、戦争というのは、別に兵を引いておしまいというものではありません。やめ方が問題です。アメリカが勝っているのだ、少なくとも、負けていないんだぞということを示さなければならない。その時はすでに開戦八年目です。アメリカ建国史上最長の戦争になりかけていた。それでも勝算はまったく見えない。だから増員に賭けたのですね。でも、すでに厭戦《えんせん》気分が支配していたアメリカ国民には公約違反と映ったはずです。

しかし、その増兵もうまくいかなかった。そして二回目の、一万七〇〇〇人の追加増兵に追い込まれていく。そのあたりから、それまではメディアの中で〝ブッシュズ・ウォー〟と呼ばれていた戦争が、〝オバマズ・ウォー〟となっていく。一年以上過ぎたら前任者のせいにできませんから。そのオバマズ・ウォーが今でもずっと続いているわけです。

二〇一六年にオバマが現職大統領として初めて広島を訪問しました。夜遅くに着いて、急遽《きゅうきょ》安倍首相と並んで記者会見をしたのですが、質問は、日米の記者が各一人しか許されませんでした。日本の女性記者の質問は、沖縄の米軍属による女性殺人事件のことに触れたものでしたが、質問要綱が事前に渡っているのでしょう、受け答えもやらせみたいな感じでした。でもアメリカ側の記者はそんなことしないですね。

柳澤　そうですね。

伊勢﨑　記者会見の五日前、米軍がアフガンのタリバンの新しいトップになったマンスールをパキスタンとの国境付近で無人爆撃機の空爆で殺害したばかりだったのです。アメリカの女性記者はそのことを取り上げて、すごく辛辣な質問をしました。「あなたが終わらせることができなかったこの戦争を、こういう形で次の大統領に引き継ぐのか？」と。

軍事的な戦果が挙げられない中で、アメリカは、タリバンと政治的な和解をずっと試行錯誤していたのです。タリバンの創始者だったオマルの死去がもたらしたタリバン内の分裂もあって暗礁に乗り上げていたとしても、政治的和解は基本戦略だった。というか、それしかこの泥沼化した戦争の打開策はないのです。だから、この女性記者の、それも広島訪問という場所での、この質問だったのです。

首謀者のリーダー格を殺害し続けることしか国民に顕示できる「戦果」がない。これをやると、政治和解の交渉にとって必要な、相手の集団としての「秩序」を破壊することになることが分かっても、これをやるしかない。このスタイルを確定したのはオバマであり、これが〝オバマズ・ウォー〟なのです。結果、秩序が失われ、ＩＳのような、わけの分からない連中がどんどん派生して出てくる。ヒラリーが大統領になったら、この堂々めぐりのやり方はそのまま踏襲されたのでしょう。

トランプは、オバマ政権の対テロ戦の戦略を強く批判していましたが、ISを国防の最大の脅威と位置付けており、オバマの就任当時と同じように、戦略の継続性は、ある程度、確保されるのだと思います。しかし、対テロ戦という地球規模の問題なのに、関係国の共同は達成されていません。それどころかシリアでロシアとの代理戦争化が進み、対テロ戦の対立構造が更に複雑になっている。このロシアとの関係の変化に対テロ戦の現状を打開する唯一の希望があるだけ。

そりゃ、トランプはエルサレムへの米大使館移転なんて言っているし、アラブ、ムスリムの反応が心配だし、アメリカ国内のイスラム・フォビア（恐怖症）も本当に心配です。けれど、「文明の衝突」度はオバマ政権でもすでに最悪だったのです。その意味でCHANGEに期待するしかないのですが、オバマが大統領になった選挙の時のそれではなく、極めて暗澹《あんたん》たる気持ちの中でヒラリーよりマシ、ただそれだけ。

アメリカが世界から手を引いた軍事的安全保障の世界を想定する

柳澤　少なくない人は、トランプの言う通りにアメリカが世界から手を引いたらどうなるかと考えてみて、とにかく大変だと思ってしまったわけです。けれど、伊勢崎さんが言われたように、アフガン戦争とかイラク戦争みたいな戦争はアメリカが手を出すから戦争になった。第二次世界大戦後、ソ連がやった戦争もあるけれど、特に冷戦終結後の戦争というのは、ほとんどアメリカの戦争だから、アメリカが手を引いたら戦争がなくなるという面があるわけです。しかし、アメリカが地球の裏側まで行ってやる戦争はなくなるかもしれないけど、テロ組織によるものとか、ロシアがクリミアを併合したりウクライナに攻め込んだりとか、中国が島を分捕《ぶんど》ったりとか、そういう細かい戦争は起こるのかもしれない。しかし、考えてみたら、それは今でも起きていて、アメリカの軍事力では防げていない。

日本をめぐる問題のことを考えてみても、二〇一三年一月、アルジェリアでテロに遭ってビジネスマンが亡くなっています。あれはアメリカが手を引いたから起きたのではなくて、もともとそういう現実がある。だから、確かにアメリカがいない世界は物騒かもしれないけれど、その物騒な世界は、今、目の前にある世界とさして変わらないとも言えるわけです。

一方、トランプが言っていることをそのまま実践すれば、アメリカが新しい戦争を始めることはない。アフガニスタンからだって、もしかしたら脈絡なしに、いきなり撤退する可能性も否定できない。ああいう内戦のようなものは、戦争学の観点から言っても、放っておくしかないという有力な学説もあります。それを放っておけないからと言って手を出したから物事は良くなっているかというと、世界中、どこを見ても、良くなっていない。

日本に身近な北朝鮮のことを考えてみても、北朝鮮はアメリカが自国を攻めてくるのを抑止しようと思って、アメリカに一発核を落とすぞと脅すために核とミサイルの開発を続けているわけです。そうだとすると、トランプが北朝鮮なんか放っておくという決意をすれば、北朝鮮は核を使わなくてもいいし、持たなくてもいいことにもなってしまうという。

だから、アメリカが世界から手を引いた軍事的安全保障の世界を想定すると、少なくとも現状より悪くなることはないという見方もあり得ると思います。トランプ政権下で世界はもう終わりだ、みたいなことを考える必要はないのです。

なお、さっきアイデンティティーの話が出ましたが、アメリカ国民の中で、アメリカ合衆国の一員としてのアイデンティティーがなくなっているわけです。そのかわりに何が出てきているかというと、先祖代々の土地を守って開拓してきて、貧しいけれど勤労意欲に燃えた開拓者の子孫というようなもので、アイデンティティーを持つベースがどんどん狭くなっていくと思います。他者を排除して、余計な要素をどんどん排除していく中で純化して、一番小さいところでアイデンティティーを持つということになってくる。それは戦争という観点から言うと、つまらないことでの小競り合いやけんかは案外増えるかもしれないけれど、国を挙げた戦争にどう結び付くかという意味では、マイナス面ばかりではないかもしれない。クラウゼヴィッツ

（一八～一九世紀、プロイセン王国の軍人で、『戦争論』を著した軍学者）の戦争の定義からしても、アイデンティティーを強調して国民が熱狂すると、戦争に向かう一つのパターンになるわけですが、国としてのアイデンティティーが崩壊し、もっと小さな集団のアイデンティティーにすがるようになってくると、逆に国の戦争はしづらくなるという可能性もある。

そんなことを考えると、トランプの言う通りの「アメリカなき世界」というのは、必ずしも戦争の世界になるとは言えない。もろ手を挙げた平和になるとは思わないけれど、今でも物騒なんだし、今より悪くはならないだろうと考えてみたりするんです。どうですか。

自由と民主主義の限界と非国家、非主権主体間の紛争

加藤　多分みんなが一番不安に思っているのは、今、柳澤さんもおっしゃったように、変わらないだろうという意見の一方で、大きく変わるのではと予想する意見もあるわけですが、そのどちらが正しいのかを判断する基準がなくなってしまったからではないでしょうか。それが一番大きな問題だと私は思っているんです。

たまたま書評を書く機会があって、今、ヘンリー・キッシンジャーの『国際秩序』を読んでいます。彼もいくつかの国際秩序のパターンを整理しています。アメリカは自由と民主主義を

アイデンティティーとして、これを理念として、アメリカの秩序をつくり上げた。一方、ヨーロッパも力に基づく秩序をつくった。そして中国は、オール・アンダー・ヘブンという天下の秩序をつくった。そしてイスラムは神に基づく秩序で、ヒンドゥーにはヒンドゥーの秩序がある。これらの秩序が対立した時、どういう形で紛争となって出てくるのかが分からない。

かつてのアメリカは――オバマさんまでと言ったほうが正しいかもしれませんが――、『マタイによる福音』五章一四節にあるように、「山の上にある町」をめざしてというか、理想郷をめざして自由と民主主義を掲げてやってきた。しかし、キッシンジャー自身も、もはやこれが限界に来ているという認識です。

じゃあ、今の世界をどうやって変えていくのかと考えてみて、西洋型の民主モデルが唯一の民主モデルだと考えるな、という人たちが力を増してきた時、それが果たして武力紛争にならないのかどうか分からない。我々には我々の民主モデルがあるぞと言って押し付けてくる時、一体どうなるのか。

『チャイナ・ショック――中国震撼』という本を書いた張維為《チャンウェイウェイ》は、中国こそがこれからの世界の国家のモデルだと主張しています。古代文明と国家が合体した、ある種の文明型国家です。民主と専制という二項対立的な考え方ではなくて、みんなが中国の古代文明にひれ伏すとまでは言いませんけど、中国型国家がどんどん広がっていく形で世界を覆いつくすと展望している。そして、これを政治思想的に正当化する考え方も出始めていて、世界が平和になるためには、中国型の文明に世界が統一されることだとまで言われている。

現実に中国がやっていることは、どう考えても勢力拡大のためには武力紛争も辞さずというものですから、みんなそれが不安なのではと感じます。確かに国家間の紛争はなくなるかもしれませんが、中東で見られるようないわゆる非国家、非主権主体間の紛争は拡大する可能性が十分ありますし、非国家主体には原則として国際法が効きませんから、もっと残忍な争いが広がっていく可能性もある。それがテロとしていろんなところに飛び火するかもしれません。だから柳澤さんがおっしゃるようなことも、一方で希望的観測としてはあり得るのだろうけれども、他方で悲観的観測として、ますますアイデンティティー同士の対立が激しくなって武力紛争になるかもしれないという予想も立つという気はするのですね。どちらになるかが分からないからみんな不安に思っている。それが現実じゃないかと思うんですけれど。

柳澤　はい。国家というアイデンティティーが希薄になって国民同士の戦争がなくなっていくとしても、国家が包み込んできた宗教や出自や人種・民族というアイデンティティーが表に出て、「万人の万人に対する闘争」の時代に逆戻りするのかもしれません。

ただ、トランプ・ショックという文脈で考えると、それは別にトランプが出てきたからということでもないわけです。今までのオバマとかヒラリーのような、少しずつ薄まりながらも民主主義や自由・人権といった国家の論理で関与・介入を続けていけば役に立つのかというと、キッシンジャーの言うように、それが一種の経年疲労を起こしてきている側面があるわけです。だからそこは、アメリカがいるから、いないからということを基準にして考えるよりは、もっと自分らはどう対応していくのかっていうことを、まず一度アメリカ抜きで考えてみなければいけないという気がしてしようがないのです。

人道主義が主導する戦争

伊勢﨑　もう一つ、国際紛争を牽引《けんいん》するもう一つのアイデンティティーがあると思っていまして、それは人権もしくは人道という一つの主義——教義といったほうがいいでしょうか——です。

これは、トランプに対比するオバマ的なというか、西洋型の民主モデルというか、もともとアメリカ的なポリティカル・コレクトネス（正しさ）とかに重なるものが多い。国際的には、国連が牽引してきたものですね。トランプのアメリカは、よりアメリカ自身の功利的な観点から、どんどん国連に注文を付け、脅し、国連を利用していくのだと思います。新しい国連事務総長のアントニオ・グレーテスは元国連難民高等弁務官でして、ある意味、国際社会のポリティカル・コレクトネスを体現しているような評判の人物ですから、両者のバトルに注目しなければなりません。

一方で、人道主義というポリティカル・コレクトネスは、それを守るためには武力行使も辞せずということで、今や人道介入のアイデンティティーになっています。主にアフリカを舞台にする内戦です。国連ＰＫＯの世界です。

一昔前は違っていた。「人道主義」と「武力介入」は、緊張の上にもバランスが取れていたのです。国連が、内戦の当事者たち――現政権VS反政府武装勢力の構図――の同意によって武力介入するけれど、その「中立性」が「行使」を躊躇《ためら》わせていた。それでも、その「行使しない中立な武力介入」が抑止力となり、停戦を和平に移行させるのに成功していたのです。

ところが、一九九四年ですが、後に、国連ＰＫＯの考え方を根本から変える大事件が起こる。ルワンダの虐殺ですね。現政権と反政府武装勢力の停戦を見届けるために、両者の同意の下にＰＫＯ部隊が送られたわけですが、停戦が崩壊し、政権側の多数派の部族が反政府側の少数部族に襲いかかった。今の南スーダンの構図と似ています。政権側が悪さをする。

そこでＰＫＯ部隊は何もできなかったのですね。武力介入するも、「中立性」が武力の実際の「行使」を躊躇わせた。結果、一〇〇日間で一〇〇万人が「民族浄化」されてしまった。

これが国連ＰＫＯの組織的なトラウマになるのです。同時に、ルワンダの周辺でも、同様の人道的危機が同時進行する。コンゴ民主共和国、そして南スーダンができる前のスーダンなどです。急激に、人道主義というポリティカル・コレクトネスが頭をもたげる。

そして、各国連ＰＫＯのマンデート（任務）も、「中立性」の立場の厳守の停戦監視から、戦禍の犠牲になる住民への支援活動の警護へと移る。それにもかかわらず、大量の住民が犠牲になる。そして「住民の保護」へ向かう、というわけです。人道主義というポリティカル・コレクトネスが内政不干渉の原則を凌駕《りょうが》するようになるのです。

そしてついに、「国連部隊による国際人道法の遵守」という国連事務総長告知（一九九九年八月一二日）が、全加盟国、そして現場の国連要員、部隊に対して出されるのです。国連が「紛争の当事者」として交戦する時代の到来です。

これを、ポリティカル・コレクトネスの代弁者である人権団体が奨励するわけです。無垢《むく》な住民を救うために、もっと交戦しろと。二〇一六年七月、南スーダンの首都ジュバで、大統領派と副大統領派の大規模な戦闘が起こります。すでに二〇一三年に内戦化して地方の住民が犠牲になりだしてから、ここのＰＫＯのマンデートはまさに「住民の保護」になっているので、昔ならとっくの昔に逃げていたはずですが、戦闘の際に中国兵二名が犠牲になっても、国際世論は、「まだ保護が足りない」というのです。

日本人には人道のための戦争に命を賭けるコンセンサスがまだない

伊勢﨑　このジュバでの戦闘を受けて、安保理はＰＫＯ部隊四〇〇〇名の増員を決定します。住民に危害を加えそうな（prepared）ところを認知したら（found）、それがどんな武装勢力でも（any actor）、交戦（engage）せよ、と決議文にはあります。つまり、それが南スーダンの国軍や警察であっても、住民の保護のために「先制攻撃」できるということです。

僕は二〇一五年に、同じく住民の保護を筆頭マンデートにするコンゴ民主共和国のＰＫＯの最前線に行き、最高司令官のサントス中将（ブラジル）と会ってきたのですが、実はこのＰＫＯ、二〇一三年に、国連史上初めて住民の保護のための「先制攻撃」が承認されたのです。国際慣習法とあまりに矛盾するので「前例にしない」という厳しい条件付きです。普通、ＰＫＯのＲＯＥ（武器使用基準）は極秘でも何でもないのですが、ここでは極秘バージョンのＲＯＥがあり、そこには排除するべき住民の脅威に国軍と警察が明記されているのです。これは、Ｐ

ＫＯ受け入れを同意した当の主権国家としてコンゴ民主共和国政府の手前、公表できるわけがありません。

人道主義は、今、最強のアイデンティティーなのです。人道主義が主導する交戦つまり戦争。でも、人道主義に逆らうことはできません。我々は、どこに向かっているのでしょうか？

だからこそ、トランプの「アメリカ第一主義」の内向性が、戦争の概念が拡大し続けたオバマの時代からの少なくともＣＨＡＮＧＥになるかもしれない。そこに期待するしかない。まだどういう結果を生むか分かりませんが。

柳澤　日本の安保コミュニティの発想では、アメリカが人道主義から国益重視に転換して世界から手を引けば大変なことになる、というわけですが、そこの発想のＣＨＡＮＧＥが必要なのでしょうね。日本の国際貢献を考える場合、伊勢崎さんが言うような人道主義が、日本人が平然と命を賭けるまでのアイデンティティーとして育っているかという問題があると思います。そうでなければ、南スーダンで自衛隊が危険を冒すための国民のコンセンサスはできない。間違っても「犠牲を無にしないためにもっと強力な部隊を送り込め」といった狭いアイデンティティーに流されてはいけないと思います。

トランプさんの問題は、これからの議論の中でも取り上げることにして、次に移りましょう。

第二章　尖閣《せんかく》問題で考える日米中関係

日本の防衛は日本独自ではどこまでできるのか

柳澤　では、トランプ政権のことも視野において、日米同盟の今後についての議論に入っていきましょう。まずは尖閣諸島の問題を通じて、日本の防衛とか日米中の関係をどうしていくのかというあたりから。

おそらく誰も戦争をしたくない、安倍首相だってそうだと思うのですが、一方で、中国が尖閣を攻めてくるかもしれないという議論があります。そういう状況下では、アメリカともっと軍事的に一体化することが抑止力になるので、そのためにはいろんなコストも払わなければいけないということになって、憲法の解釈も変えよう、憲法そのものもやがて変えようとなっていく流れがあります。

私がどうしても気になるのは、専守防衛では日本は守れないのかというところです。日本の防衛という観点でアメリカの抑止力は機能しているのか、しているとしてどう機能しているかについて、一種のネットアセスメント（総合戦略評価）をすることが必要です。日本の防衛は日本独自ではどこまでできるのか、日本だけでは足りないところがあるとしたら、アメリカはそこをやってくれるのか、やってくれないとすると日本はどうすべきなのか。日米同盟はとにかく議論の余地のない大前提だとなってきたわけで、アメリカが出てこないシナリオを考えられなくなっている。そういう現状がいいことなのかどうかを考えていく、一つのきっかけになるという感じがします。

日本と中国が戦争になるということを前提に捉えた場合に、固有の紛争要因というのはほとんど尖閣の話でしょう。あとはせいぜい東シナ海の線引きやＥＥＺ（排他的経済水域）における漁業の問題ですが、戦争の動機としてはいかにも弱い。

本気で中国が尖閣を取りに来ることを前提に考えた場合に、中国のこれまでのやり方から見て、あからさまに軍隊を出さない形になると思われます。軍隊を出せばあからさまな侵略ですから、国際世論の反発もあるし、アメリカも黙っていられない。そこで、海警局――海上権益の維持と保護、法執行をするための中国の政府機関ですが――の船を使うとか、漁民を装った形で上陸してくるとか、世上ではそういうシナリオがまことしやかにささやかれています。

日本は尖閣をどう守るのか、そしてアメリカはどう動くのか

柳澤　日本はそれに対して何ができるのか。相手が軍隊でないのであれば、日本は自衛権の発動ではなくて警察権で対応し、不法入国や犯罪の取り締まりという形を取ることになります。問題は、海上保安庁や警察では手が足りなくなるような、そんな事態も想定されることです。そういう場合、自衛隊が治安出動なり海上警備行動なりで出ていくことは法律的には可能ですが、自衛隊が出動するとなると、中国も日本軍から漁民を守るという名目で軍隊を出す口実ができますので、事実上、軍隊同士の小競り合いが行われる可能性が出てくるでしょう。

その場合、尖閣という非常に狭い戦場に限れば、集中できる兵力がお互いに限定されることを考えると、おそらく自衛隊が一回や二回は跳ね返せるかもしれない。技量の問題なども考慮できますから。しかし、それが何度も何度も続いていくとなると、どうなっていくのだろうか。

まず、アメリカは出てくるのか、どういう段階でどのように出てくるのかという問題があります。軍隊同士がぶつかりそうな段階で、中国を牽制《けんせい》するような行動を取ってくるだろうという話があります。例えば空母を見える位置に、見える位置ではあるが砲弾が飛んでくるほど近くはないところに配置するとか、そんな状況です。問題は、そこで中国が自制して引っ込むだろう

と希望的な観測をして、それ以上のエスカレーションを誰も考えていない感じがするんですね。

しかし、別のシナリオというか、エスカレートしていくシナリオも考えられるわけです。アメリカが空母を出せば、中国も空母キラーの弾道ミサイルを稼働させてくるだろうし、潜水艦も出てくるだろう。そういう状況になって、仮にそこで米軍と中国軍が戦火を交えるとなると、本格的な戦争に拡大する可能性があるのです。

アメリカの抑止力はどこまで有効なのか

柳澤　アメリカの抑止力に頼るという考え方は、中国にそこまでの行動を取ることを思いとどまらせるために、それ以前の段階で空母の配置などの示威行動をするというものです。そして、日本には空母がないから、抑止力の部分はアメリカにやってもらわないといけないので、日米同盟が大事だということになっている。ただ一方で、抑止力が効かずに、米中戦が始まるということになると――アメリカにも中国にもどこかで妥協する動きは当然出てくるでしょうが――、戦争の論理だけから考えれば、尖閣をめぐる争いというのは妥協が可能な利益配分をめぐる戦争ではなく、妥協が許されない名誉の戦争、ナショナリズムの戦争ですから、最後に勝つまで衝突が繰り返されていくことになります。空母がミサイルで攻撃されるような状況では、空母を出しただけで事が収まることはなく、アメリカ海軍なり空軍の拠点である在日米軍基地へのミサイル攻撃のようなことも当然想定されます。更に、それに対するアメリカの報復もあり、中国の再報復もある。戦争の論理だけから見ると、そうやって無限に広がっていくことになるのです。

日本はアメリカに何を望んでいるのか

柳澤　そうすると、日本が本当にアメリカにしてほしいこと、期待したいことは一体何なんだろうかと考えざるを得ない。尖閣の事態に対して、米軍がデモンストレーションをして中国が思いとどまるというシナリオで収まればいいのですが、思いとどまらなかった時には日本にとって大きな悲劇が待ち構えているわけなので、そこをどう考えるのかということなのです。

空母が出てきて中国が引っ込むというシナリオを前提にすると、アメリカにそれをやってもらわないとすれば、日本が自前で持たなければいけないから、年間二〇兆円もの防衛費がかかるというような議論になります。しかし、空母の意味というのは、そういうところにはないわけです。そもそもアメリカは、自分の国からはるか遠くに離れて軍事力を使うために必要だから、その象徴として空母を出してくる。日本が中国と戦う場合、日本の国内の基地を使えば、空中給油は必要としても、空母を必要とする太平洋のように広大な距離の克服は不要なのです。

ですから、当然のように空母が必要になるみたいな議論はおかしい。

ただ、空母はアメリカの権威の象徴でもありますので、それに対する攻撃はアメリカを本気にさせるわけです。だから、この話は、日本が空母を持てばいいかどうかということではなく、むしろ中国がアメリカに本気で盾突く気があるかどうかにかかってくるということです。そうすると、アメリカが空母を出せば抑止力になって、尖閣の取り合いのような戦争の拡大が防がれるというシナリオが成立するのは、中国にはアメリカと戦争する意図がないことを前提にしているわけです。

そうだとすると、実はアメリカが空母を出すかどうかが問題ではなくて、アメリカが、どこまで行ったら中国と戦争をする気になるか、また、中国がアメリカと戦争をしてまで尖閣を取ろうとするかという両者の目的と手段に関する意志が問われているわけです。

そこまで考えると、日本は何をアメリカに望んでいるのか、本当にアメリカにやってほしいのは一体何なんだろうと悩んでしまう。つまり、尖閣を直接守ってほしいのか、あるいは拡大を防いでほしいのか。アメリカは、他国の領土を守るという名目では戦争しない。つまり、尖閣を直接防衛することはない。また、相手にアメリカと戦争しないという前提があるとすれば、作戦的に一体化しなくても戦争は拡大しない。尖閣は日本の問題として守ればいい。

尖閣問題は軍隊の出動だけを考えていては、終わりが見えない

加藤　現在の国際政治においては、武力による現状変更は認められないというのが大原則です。そうすると、もしも中国側がこの現状を変更しようとするならば、武力行使によらない方法で変更していくことになる。それが日本では、自衛権が発動できるかどうかのグレーゾーンみたいな議論になっていくと思います。答えにもならないのですが、国際社会が現在の状況を正しいものと認識して、現状を武力によって変更することは許さないということをあらためて確認できれば、日本側には有利にはなると思います。だからそういうコンセンサスを日本側がいかにつくれるかという問題ではないかと思っています。多分それ以外の方法で、例えば日本が武力によって中国側を押しとどめるのは、私はもはや無理ではないかと思っています。

柳澤　加藤さんの考えは、いわゆるグレーゾーン事態でも、数で争っていったらこちらの手が足りなくなって、自衛隊の力では決着はつけられないだろうということですよね。私もそうだと思うのです。その上で、だからアメリカ側に出てきてもらうのか、国際世論の包囲網のようなものをつくって、中国がその正当性を失って、これ以上続けたら損だと考えるようにするのかですよね。後者の場合、そうなるまでの間、命と武器の消耗にこちらが耐えなければいけな

いわけですが。

そういう状況下では、中国は業を煮やして何発かミサイルを撃ってくるかもしれないが、そうなったとしても、アメリカが出てくる保障はまったくないのですね。あるいは中国だってどこまで消耗に耐えられるかという問題はある。一般的に言うと、日本の自衛官の命の値段は高いから、消耗戦には日本のほうが耐えきれないということでしょうが、最近の中国でも、人民解放軍の兵隊の命の値段は結構高いものになっていて、そこはわりに日本といいとこ勝負じゃないかなという気もします。ただ、防衛を考える上では相手の自滅のようなことを当てにできないし、やはり軍隊の出動だけを考えていては、終わりが見えない話なのですね。

先制攻撃は相手に反撃の口実を与えること

加藤　それと、柳澤さんの冒頭のお話を伺いながら、戦略レベルと戦術レベルの問題とを分けないといけないと思いました。

戦略レベルでは、日本にとって尖閣はどういう意味を持つのか、一方、アメリカにとって尖閣はどういう意味を持つのかということを考えないといけない。日本にとって尖閣の問題は、今のところ、ナショナリズムの問題であって、また主権を守る国民国家として当然のことであることが前提とされています。ただし、一方で護憲派の人たちの中には、ナショナリズムにある意味では対抗する形で平和主義の考え方もあります。万が一、尖閣で何か事が起きて自衛隊が出ていくことになったら、護憲派はこれまでの立場からすると、自衛隊基地の前で反対デモをしないとおかしいのです。そこにもう一度、平和主義とナショナリズムの対立項ができてくるはずです。それができなければ、これまでの護憲派はまったくうそっぱちだということになりかねない。それはもう是が非でも、体を張ってでも、自衛隊の戦車の前に体を投げ出してでもとめないといけない。

柳澤　あるいは、自分が尖閣に上がって中国軍の前に立ちはだかるとか（笑）。まあ、自衛隊を出すなということには、別の意味がありますよね。私は仮に自衛隊が出たとしても、一番大事な任務は最初に相手に撃たせることだと思っているのです。先にこっちが自衛隊を出して、そしてこっちが撃っちゃったら、それはもう……。

伊勢﨑　先制攻撃。

柳澤　相手にとめどない反撃の口実を与えることになって、国際世論も味方につくかどうか分からないですからね。戦場で勝ったとしても戦争で負けることになる。

自衛権のための武力行使と非暴力主義は矛盾しない

伊勢﨑　護憲派が体を投げ出すのはおもしろい案ですけど、「非暴力」の抵抗って、言うのは簡単ですが、マネジメントはすごく難しいですよね。ガンディーさんでも、このやり方をしても、味方が挑発に乗って暴力を使ってしまうので、それを収めるために断食をやったわけですから。

それと、ガンディーさんもそうですけど、その後のキング牧師も、ダライ・ラマも、基本的に、「一つの国内」の市民の不服従運動です。「自衛権」の行使ではありません。

僕は、若い頃、インドに留学中、その頃はまだ生存していたガンディーさんの愛弟子《まな》たちと交流させていただく希《まれ》な機会を得たのですが——僕は「ガンディアン」の自負があります——、主義として「非暴力抵抗主義」と（対パキスタンとの）「戦争」は、驚くほど共存するのです。だって、インド独立闘争期は第二次世界大戦の末期だったわけで、ガンディーさんたちがイギリスに独立を迫っていた時は、日本軍がぎりぎり、ビルマまで迫っていたのです。当然、イギリスは、「我々がいなくなったら日本軍に占領されるぞ」と言ったはずで、それに対してガンディーさんたちのスタンスは「市民としては日本軍に対して非暴力不服従を貫くが、英国インド軍はそのまま温存して日本と戦わせる」というものだったのです。

パキスタンとの分離独立の後は、即座にパキスタンと戦争に突入しましたが、中国との領土紛争もあって、インドが最初に核実験をやったのはインディラ・ガンディーが首相の時の一九七四年です。非暴力不服従の独立運動の主力だった国民会議派政権です。自衛権のための武力行使と非暴力主義は互いに矛盾しないのです。「自衛権」の行使を非暴力でやるということをオプションの一つとして考えられるのは、唯一、地球全体が一つの「国内」になった時です。九条が実効力を持つのは「地球政府」ができた時のみです。

加藤　だけどこれまでの護憲派の人たちは、ずっと非武装、非暴力で抵抗すると言い続けてきたのです。非暴力抵抗主義が日本の護憲派の最大の手段だったからです。それを実践する場がこれまでなかったのですが、ようやくその場が出てきたんですよ。

政治の失敗を軍事で解決するのは無駄な戦争

柳澤　それは伝統的な護憲派というか、自衛隊違憲論を信奉する護憲派の話ですよね。そうではなくて、現在の護憲派の中には、専守防衛の自衛隊を認めて、自衛隊が海外で武力行使をしないとか、集団的自衛権を行使しないことをめざす人々も現れている。それを護憲派と呼ぶのかという問題はあるけれど、私自身はそういう護憲派なのです。そういう人たちはどういう立場かというと、やっぱり侵略には抵抗はするのだということになる。

ただ、そういう場合の抵抗の仕方というのは、単に自衛隊が行けばいいという単純な話ではないわけです。国というか、政治がどう全体をコントロールするかが問われている。

いや、それ以上に、もともと尖閣が今のようになっているのは、民主党（現民進党）の野田政権の時の国有化という政治のミスが招いたことなのです。政治の失敗を軍事で解決することを、私は無駄な戦争と呼んでいるのですが、そういう戦争をしてはいけないんです。そうすると遡《さかのぼ》って言うと、政治が何とか解決の道を見付けるのが、この問題の一番の筋道なのだろうと思うんです。そのためには何が必要かといったら、まさに北方領土の新思考のように、尖閣も新思考で臨む。あそこは線を引かないというのが一つのやり方なのだろうと思うんですね。

ただ、それで相手が納得するかどうか分からない。逆に、日本がそういう新思考をするほど弱腰なら、本気で取りに行って、長年のルサンチマンを晴らそうという発想になるかもしれない。一つは、それは長い目で見れば、中国の立場を余計に害するのだと分かるはずだと思うけれども、日本の世論も中国の世論も、そこまで待てるかどうかということですね。

加藤　私は柳澤さんと同じく、専守防衛派ですから、尖閣は攻撃されれば武力抵抗はすべきだと思っている。ただ、武力抵抗だけでは数の力でどうにもならないので、世論形成がどうしても必要です。そして、武力抵抗というものにしても、力という角度からではなく、世論形成の手段として考えたほうがいいと思うのです。武力によって相手側の侵略を排除するという軍事優先の思考で対応すると、とてもではないけれど、今の日中間の軍事力の差があまりにも大き過ぎて、とても対応できない。だからとにかく武力抵抗はする、領土を守る覚悟はある、しかしながら、こういう攻撃は理不尽なものであるということを国際世論に訴えかけていく。それは政治の力だし、護憲派も含めて、国民の力だと思うのです。

疑わしくなっている米軍駐留の前提

柳澤　そうだと思うのです。ただそれが実を結ぶには時間がかかるし、ものすごい心理的な我慢が必要になるわけですね。そこでもっと単純に答えを求めようとすると、アメリカが出てくればそれで片付くじゃないかと、そういう発想が出てくると思うのです。だけど、アメリカが出てくるという発想は、実際には多分アメリカは出てこないので、その意味で非現実的な前提だということです。「無人の岩」をめぐる争いに巻き込まれたくないというアメリカの発想があって、トランプ政権になって国益第一が前面に浮かび上がることを考えると、ますます出てくる保障はないわけですね。

第二に、仮にアメリカが出てくることがあるとすると、それは米中が本格的に争うような問題がある場合です。そうなると、どっちも負けられないわけですから、ある意味で尖閣はおろか日本本土や沖縄が攻撃されたとしても、アメリカの目的からすると小さな話なので、アメリカは中国のミサイルの射程の外にいったん出ていって、遠距離から中国を攻撃するというような戦争プランを持つわけです。日米同盟の現実というのは、そういうことなのでしょう。

アメリカが出てくる場合、尖閣の奪い合いで生じる被害どころではなくて、もっと大きな被害が日本に出てくる。だから、結局、日本の被害を最小化するためには、尖閣の問題は日本自身が解決しないといけない。それなのに、アメリカが出てくるから抑止力で安心だ、というところでとどまっていいのかという問題なのです。軍事力で尖閣の問題を解決しようとするなら、やっぱり同盟が必要だし、米軍の駐留が必要だし、日本を攻撃したらアメリカが出てくるのだということを相手に信じ込ませるため、アメリカと一体化しなければいけないという論理になってくるわけですね。そういういくつもの前提の上に、今日の安保政策・戦略が成り立っていると思うのだけど、その前提が一つひとつ非常に疑わしくなってきている。

ただ、さりとて、アメリカが全部いなくなったらどうなるかということも考えなければいけない。多分、西太平洋は中国の海になってしまうということですよね。それはどういうことなのか。日本の民間船が通れなくなるのか、漁船が漁をできなくなるのか、資源を全部持っていかれるのか、いくら中国でも、そこまで乱暴はできないでしょうが。つまり、アメリカがいなくなって失うものは何なのかが、定量的にはよく分からない。そうすると、アメリカにいてもらうための適正コストも分からない。これでは、トランプが同盟を一種のディール（取引）にして金を要求してきた時に、どう応じるのかも分からないことになる。

そもそもアメリカが日本を手放すのかという問題もある。日本を失うことは太平洋の西半分を失うこと。それは、ハワイを含むアメリカの防衛にとって受け入れがたいことではないでしょうか。

米中の覇権分有で日本は中立化を余儀なくされる

加藤　アメリカにとって尖閣の問題というのは、それこそ日米同盟を重視するか、つまり日本を重視するか、それとも中国を重視するかの二つの選択が迫られてくる問題です。ここがトランプ政権になって分からなくなった。これが一番の問題です。戦略レベルでは、この二つの問題がどうなるかを明確に見きわめないといけないと思います。

それと同時に、戦術レベルではどんな問題があるのか。尖閣で紛争が起きるとして、日米同盟が機能するにせよしないにせよ、日本が戦術的に中国に単独でどのように対応できるのかという問題と、日米同盟が戦術的にどのように機能するかという問題を併せて考えなければなりません。

柳澤　そうですね。

加藤　そのそれぞれについて考えておかないといけません。それなのに、大方の議論は、戦略レベルの問題はすっ飛ばして、戦術レベルで日米同盟がどう機能するかという話になっています。

とりわけ、トランプ政権になったことで、その前提が本当に正しいのかどうかを考えざるを得なくなりました。トランプ政権になる以前だって、よく言われるように、人の住んでいないあんな小さな岩のためにアメリカン・ボーイズが命を賭けるはずがないと議論されてきました。その議論を覆したければ、日本側がやらなければいけないのは、アメリカにとって尖閣は、岩の問題ではなくてアメリカの国益の問題であるという、そのことを説得しないといけないんです。戦略レベルで。

ただ、それができるかどうかは疑問です。米中の双方から、「そんなこと以上に米中関係のほうが重要」と言われてしまえば、話は前提から全部パーになってしまって、尖閣の問題どころじゃないのです。そうなってくると、戦術も何もあったものではなくて、全然違う方法を考えないといけない。

それに、日米同盟がうまく機能したとしても、私にはアメリカが軍艦を出すとはとても思えません。一九八二年、イギリスとアルゼンチン間のフォークランド紛争の時と同じように、同盟国に対する情報の提供はするだろうけれども、それ以上の支援はしないのではないか。そうでないと、アメリカは領土問題に関与しないとずっと言い続けているわけですから、下手をするとその言明に抵触しかねない。最悪、情報提供もしてもらえるかどうかさえ分かりません。その前提で、日本は本当に戦術的に中国軍と戦えるのかを考えていく必要があるのではないでしょうか。

私の結論は、おそらく最悪の場合、米中関係が良好になって、米中の覇権分有の形になってしまえば、日本はもう完全に中立化を余儀なくされるということです。中立化を余儀なくされた時に、なおかつ武装中立でいくのか非武装中立でいくのか、そういう選択が迫られてくると思います。

アメリカは自分が地獄に行くつもりはない

柳澤　戦略レベルで言うと、要はアメリカにとっての尖閣の意味ということですね。それから、また日米同盟の証《あかし》みたいな要素をどう考えるかという問題もあると思います。ただ、その二つを合わせたところで、尖閣は、大陸に近すぎる位置関係や地積が狭いことから言って、米中のせめぎ合いの場である西太平洋に進出するための天王山とは言えない、つまり、アメリカにとって戦略的な価値はないでしょう。日米安保条約の条文上の義務もあるし、そのクレディビリティー（信頼性）を維持するためにも何かしなければいけないだろうけれど、それは情報提供程度のものにとどまるでしょうし、米中戦争も辞さずというような介入の仕方はしないだろうと思います。それが戦略レベルの話です。

では戦術レベルに行くとどうなるのか。戦術レベルと言っても、それは戦略的な価値判断によって左右される問題です。日本の戦術レベルの話としては、海保、自衛隊がどこまで頑張るのですかということですが、どこかでもう頑張れないというラインがある。というのは、おそらく数の力で来られた場合に、勝てる保証はまったくないからです。尖閣で事を起こそうとすれば、小笠原にサンゴを取りに来るとか、中国側はいろんな動きをやってくるわけです。こちらの力は分散されるのです。

アメリカの戦術も、かかっているものの価値の大きさとの関係に左右されます。空母がミサイルの脅威にさらされて、実際に沈められるような損害を出してまで、戦術レベルでの行動を本当にやろうとするかということです。空母を出すのはアメリカの意思の象徴ではあるので、中国は恐れ入るかもしれない。だけれど、逆にアメリカだって、中国が本気だとすれば、何兆円もかけてつくる空母に一発何千万円のミサイルが飛んできて空母を失うのはものすごく大きなダメージですから、戦術の問題としてもなかなかそう簡単にやれるものでもない。

だから、日米の守るべきものの違いというのか、脅威認識の違いと言ってもいいと思うのですが、一つには守るべき価値のギャップがあるわけですね。同盟国であると言っても。

アメリカがいないと島が守れない、だからアメリカの抑止力、日米同盟なり在日米軍の存在は絶対に必要不可欠なのだという議論は、日本では流布していますが、都合のいい部分だけ切り取ったものだと思うのです。日本にとって一つの願望の表現というようなものでしかない。

加藤　いや、まったくその通りです。アメリカが尖閣を守るために何か日本側に協力するかという話は、いくつもの段階があって、それを乗り越えないといけないわけです。仮に大統領が派兵を決断したとしても、必ず戦争権限法の縛りがあって、議会に承認を求めないといけないわけです。議会に軍を引っ込めろと言われればそれまでの話です。

その時にアメリカの国民世論が日本に対してどのような対応をするのか、それも分からないから、同盟がはっきり機能するかどうかというのは、悲観論もあれば、それこそ楽観論もある。いずれも、はっきり言って分からない、としか言いようがないことなのです。抑止というのはもともとそういうものだから、仕方がないと言えば仕方がないのですけれども。

柳澤　安倍首相の発想には、日本はアメリカの艦船を守ってあげるし、アメリカと一緒に対テロ戦争も協力する、日本は一生懸命アメリカに尽くしている国だとアピールをしていかなければいけないという「一体化」の前提がある。ただ、それが自動的に、アメリカが日本のために戦争するかしないかというぎりぎりの判断に影響を及ぼすことがあるのか、そこも私はよく分からないのですけど。

加藤　それはどちら側にとっても分からないですね。ないとも言えないし、あるとも言えないし。それは逆に言うと、中国がどのように判断するかによって、あると思えば抑止が効くし、ないと思えば抑止が効かないということです。安倍首相がやっていることは、要するに、アメリカと抱きつき心中をしたいというか、死なばもろとも地獄までということにしたいという思いですよね。でも、本当にそうなるかどうかは分からない。

柳澤　アメリカは自分が地獄に行くつもりはないわけですね。

加藤　それはないですね。

戦略と互恵性なき同盟関係

伊勢﨑　関連していつも奇異に思うのは、言葉の使い方なのです。というのは、我々が使っている日米同盟の「同盟」というのは、本当の同盟じゃないと思うからです。

例えばＮＡＴＯであれば、集団防衛を発動する時、ちゃんと加盟国が集まって決議して、どんな小さな問題でもみんなで決める手続きがあります。今ではＮＡＴＯというのは、ＰｆＰ（パートナーシップ・フォー・ピース）という、以前は西側に限られていたＮＡＴＯ軍の地位協定と同じもの――あとで話題にしますが、ＮＡＴＯ諸国は地位協定で規定される裁判権などにおける駐留軍の特権をお互いに認め合っている（互恵性）のです――が、ハンガリーとか旧ソ連邦の国々にも認められています。旧ソ連邦諸国に対してですよ。そういう互恵性が、同盟だと思うのです。日米間には、まず、この基盤自体がない。

目黒の防衛省統合幕僚学校で教える機会をいただいてもう一〇年近くなるのですが、歴史的に自衛隊のカリキュラムには「戦略」という考え方はないそうです。つまり「敵にどう勝つか」ということは考えなくていい。それはアメリカが考えるから、自衛隊はそれにどう合わせるかの「戦術」を考えればいいという。

これは、アフガニスタンでの対テロ戦でＮＡＴＯの戦い方を横で見ていて感じたことですが、同盟国はそれぞれ「戦略」を考えるのです。特に、このアフガン戦のように敵に勝てない時には、アメリカの言う通りになんかやっていられない、と喧々囂々《けんけんごうごう》やるのです。

日米同盟を議論すると、結局、アメリカは何をしてくれるかという思考にしか、日本人はならない。これは「同盟」の文化では絶対ありません。同盟国とは、「交戦資格」のあるもの同士の集まりですから、それを九条で否定する日本は同盟国になれないのでしょうか。そんなことを言うと、お前は自民党支持の改憲派かと言われちゃうのですけれど。

歴史的に同盟はその時々の国益によって変更されるもの

柳澤　実はそこは、日米安保条約の特徴である、いわゆる片務性に反映されていると思うんです。つまり、安保条約というのは、日本の施政権下にある地域に対する攻撃を共通の脅威とみなして共同防衛するわけですから（第五条）、対象は日本の領域だけなのですね。対象が日本の領域だけだから、世界中で一緒に肩を並べて交戦しなくても何とか成り立っている。それでもそれを「同盟」と呼んでいるわけです。ところが、実際に自衛隊が出ていく地域が、日本周辺どころか世界に広がって、グローバルな同盟になっているので、相当矛盾が出てきているということでしょう。

尖閣が問題になるのは、まさに日本の施政権下の領域に対する攻撃ですから、安保条約の存在意義に関わるからでしょう。そして、アメリカがいないと尖閣を守れないかどうかというと、戦術的には、拡大を抑止する意味でアメリカに依存する部分はあると思います。ただ、それはそうだとしても、条約に書いてあるからと言って自動的にアメリカの参戦が保障されているのかというと、そこは未知数だということなのでしょう。では、アメリカにうんと奉仕することによって、アメリカの覚えがめでたくなれば守ってもらえることが保障されているのかというと、そうでもない。まして地球の裏側まで行って一緒に戦うというのは、もともとそういう建前になっていないし、日本にはそういう能力もないから、それを同盟という言葉で表現するのは、そもそも論理矛盾みたいなものですよね。アメリカに尽くすから、アメリカにとって国益がなくてもサービスして日本を防衛してくれるかというと、そういう問題ではないでしょうね。

伊勢﨑　今の日米安保条約というのは、結局、サービス協定でしょう、はっきり言って。

柳澤　まあ、サービス協定なのですが、軍事超大国を相手にすれば、そうなってしまうのでしょう。それに、同盟というのは、歴史的には、くっついたり離れたりしていたんですよね。

伊勢﨑　そうそう。

柳澤　その時々の国益によってね。日米がそうならなかったのは、圧倒的な力の差があって選択の余地がなかったから。

伊勢﨑　さっき言ったように、かつては敵対していた旧ソ連邦に属していた東欧の国との間で、

NATOが自分たちと同じ内容の地位協定を結んでいるんですよ。このダイナミズムはすごいことでしょう。日米のバイ（二国）の関係にとどまるのではなく、その中に例えば韓国が入ってマルチ（多国）にするとかすれば、日本の立ち位置を日本人自身が客観視できると思うのですが。その場合でも結局は、日本は交戦資格を持つか否かの議論は避けられませんよね。

尖閣をめぐるナショナリズムと平和主義の問題

伊勢﨑　もう一つ、尖閣の問題はナショナリズムの問題だから、尖閣を取られたら「侵略される」みたいになる。誰も住んでいない領土領海係争と、国民が住んでいる本土での自衛権を統制する戦時国際法・国際人道法つまり戦争のルールが、国民の意識下で〝シームレス〟になってしまう。これは、まさに、柳澤さんが言われたように「日本軍から漁民を守るのだという名目で軍を出せる」その間隙を狙ってくる中国のPOSOW（Paramilitary Operations Short of War）、すなわち準軍事的行動の術中にハマることで、日本こそが〝シーム〟をちゃんと認識しないと。逆にそれは国防の脅威を日本自らがつくることになる。それを、自民党も、野党の政治家も分かっていない。ナショナリズムは本当に厄介ですが、その高揚をどうやって制御するか。これはすべての肝ですよね。

柳澤　そうそう。それはさっき出ましたが、ナショナリズムかパシフィズム（平和主義）かの二項対立みたいな話なのです。ただ、私は今の日本のナショナリズムについて感じるのは、ナショナリズムを煽《あお》ったとしても、尖閣のために自分が鉄砲を持っていって、中国軍と相まみえて死んでもいいというやつが果たしてどれだけいるかということなのです。護憲派のほうにも戦争を阻止するために体を張って抵抗するやつがどれぐらいいるかというのと、そこはいいとこ勝負じゃないかという感じもするのですけれど。

伊勢﨑　尖閣で中国の脅威が煽られても、護憲派は、それを〝毒消し〟するための対抗軸を出すわけでもなく口をつぐむだけです。ましてや、加藤さんが言うように、自衛隊の武力行使を阻止するために体を張るなんてことは絶対にしない。

加藤　いやあ、私は極論で言っている面はあるんですけれど、そういう議論も必要だと思うんです。それはなぜかというと、要するにこういう議論はみんな、なあなあで終わってしまっているからなのです。

伊勢﨑　平和、平和と唱えるしかない。そこには常套句《じょうとうく》「平和ボケ」の応酬句で、逆にナショナリズムが元気づいてしまう。

曖昧模糊《あいまいもこ》とした同盟関係

加藤　感情論だけが盛り上がって、論理が全然盛り上がらない。だから、論理的に話ができないのです。さっきの同盟の話ですが、日本で「同盟」という言葉が使われたのは一九八〇年代で、鈴木善幸さんが首相の時です。それまで「同盟」なんて言葉、使っちゃいけなかった。

伊勢﨑　使っちゃいけない？

加藤　そうです。「同盟」という言葉にしても、もともと我々にとっては曖昧模糊としたものだったと思います。日本で最初に使われた時は、昔の血盟、血の契りという意味での同盟というニュアンスで受け止められていたために、拒否反応も強かったからでしょう。しかし日米同盟の現実はそういうものと全然違うものになってきた。そうして日米同盟とは何かが分からなくなってきて、それに頭にきたのがリチャード・アーミテージですよね。イラク戦争の時に血盟の義務を果たすために〝ブーツ・オン・ザ・グラウンド〟と言って陸上自衛隊の派遣を日本に迫ってきた。

柳澤　そうそう。それで、安倍さんも『この国を守る決意』という本の中で、軍事同盟というのは血の同盟であると、こうおっしゃったわけです。

伊勢﨑　さっきも言ったように、同盟というのは、そういうものではないです。非常にドライなもので、国益と国の大義にかなわなかったら、簡単に離脱する。9・11同時多発テロを契機とした対テロ戦の黎明期に、アフガン戦にはNATOが一丸として参戦するも、イラク戦ではほとんどの加盟国がアメリカを突き放したように。

柳澤　確かに、トゥキュディデスの時代から、同盟というのは絶えず離合集散しているわけです。大体同じようなパワーを持った主体の間でそういうやり取りをしてきた。だけど、日米の間にはその力量において雲泥の差があり、その関係がこれだけ固まってしまうと、付いたり離れたりというわけにもいかないのだろうと思うのです。だから、戦後七〇年ずっと続いてきた歴史的に希有な同盟と言われますけれども、離合集散することがなく、そのかわりに実行において非常にふらふらしてきたのでしょう。曖昧な部分を残しているから、七〇年間も続いてきたと言えるかもしれません。

護憲派、改憲派双方が冷静に直視すべき状況とは

伊勢崎　異国での兵士の死とか、血で血を洗うような話でナショナリズムが煽られるのは、どこの国でも起こることで、それ自体はとめようがない。国際関係論では、こういう事実に尾鰭《おひれ》が付きやすい逸話や、事件の恣意的な喧伝《けんでん》が、聴衆に作用し、戦争というような極端な政治決

定の醸成を民衆が支持していく、いや、民衆自身がつくってしまうプロセスを「セキュリタイゼーション（安全保障化）」と呼ぶ考え方があります。僕らがやらなければならないのは、「脱」・セキュリタイゼーションです。ナショナリズムの高揚のようなセキュリタイゼーションに、真正面に「攻」してしまうと、単なる対立になり、逆に燃え上がってしまうのです。「脱」とは、舞い上がって対立する双方に冷や水をかぶせ、冷静に状況を見せることです。その作業が必要なのです。それには、僕は二つあると思うんです。

一つはやはり、九条二項の「交戦権」、つまり交戦資格の否定の問題を真正面に捉えることです。なぜかというと、国際法のレジームには、人権に関するもの、海洋・領海・領土に関するもの、いろいろあり、どれも、ある一国の国内法に比べたら無秩序と言えるぐらい脆弱《ぜいじゃく》なのですが、その中でも最も脆弱でないのは、すでに明確に違法化されている「権利としての戦争」と自衛権の行使を含む交戦を律する慣習法としての戦時国際法・国際人道法です。そして、国連ができてからは、武力の行使には三つの口実（個別的自衛権、集団的自衛権、集団安全保障）しか許されなくなり、この口実は悪用されていますが――集団的自衛権を口実にしたアメリカのベトナム戦やソ連のアフガン侵攻など――、超大国でさえ厳格に戦時国際法のルールを守っています。また、口実の「悪用」の面でも、中国はアメリカに比べれば非常に優等生です。

「尖閣を取られたら日本もチベットのように中国に〝侵略〟される」みたいな喧伝に冷や水をかぶせるには、この交戦を律するレジームを日本の世論にしっかり定着させることが絶対に必要なのです。

でも、これは至難の技です。日本は「わが国を防衛するための必要最小限度の実力」の行使は交戦ではない、という武力の行使の新しい分類をつくってしまったのです。そして、これを護憲派リベラルが受け入れてしまい、この受諾をベースに日本の政局の歴史が成り立っている。戦争の違法化の不断の努力を続けている人類が、自衛権以外の「権利としての戦争」を完全に否定し、国連ができてからは、その自衛も含めて地球上で許されるすべての武力の行使を先ほどの三つの口実だけに封じ込めたのに、日本は第四の口実をつくったのです。誰の許可も得ずに。これは非常に罪深い。護憲派リベラルも論拠しているこのベースを一度ガラガラポンすることなしには、高揚し合う感情論の対立に水を差すことはできません。

アメリカとの軍事的な一体性を誇示することは別のリスクを生み出す

伊勢﨑　もう一つ必要な作業は、対テロ戦に関するものです。

〝同盟〟を気取るなら、日本人はもう少しアメリカの苦悩を共感するべきです。アフガン戦において、二〇〇一年以来、アメリカは建国史上最長の戦争を戦い、二〇一四年の暮れに、軍事的勝利を挙げられないまま撤退を余儀なくされたのです。アフガン国軍にバトン・タッチするしかないということで、主力部隊は撤退させ、側面支援の残留部隊を置くのみです。アメリカ、NATOという世界最強の通常戦力をもってしても殲滅《せんめつ》できない「敵」を、当のアメリカがつくってしまった。そしてIS（イスラム国）のように、欧米諸国のホーム・グロウン・テロリストのように、「敵」はどんどん進化していく。

中国が脅威じゃないとは言いません。この仮想敵国の目の前に位置する日本が、アメリカの威を借りて牽制することは、中国の準軍事的行動を抑止するためにも効果があるのでしょう。でも、アメリカは、アメリカ自身が勝てないことを証明した新たな「敵」にとっての象徴的な〝敵〟なのです。日本にとって、アメリカとの軍事的な一体性を必要以上に誇示し続けることは、「アメリカのかわりに狙われる」という別の国防上のリスクを、自らつくり出していることを認識するべきです。

柳澤　ナショナリズムに走っても、平和主義に殉じても、失うところがある。今の議論は、いいことばかりを主張し合って、失うものについて共通認識がない。

中国に対する日米の脅威認識のズレ

加藤　尖閣の問題はもともと日中間では阿吽《あうん》の呼吸で棚上げすることになっていたわけです。その次に行われたのが、尖閣の問題を領土問題ではなくて経済問題にすりかえることだったのですが、国有化という野田政権の対応がまずかったということもありますけれども、逆に中国のナショナリズムに火をつけてしまった。だから、我々のほうがいくらナショナリズムを抑え込んだとしても、中国側のナショナリズムはもはや抑えられない段階に来ていると思います。

日本がこれにどう対応するかといったら、パシフィズムでもう何もしないという形にしてしまう考え方もあるでしょう。経済的にはもう意味がない島ですからね。そうでなければ、頼れるかどうかという問題もありますけど、アメリカにある意味で頼らざるを得ない面はあるでしょうね。

柳澤　結局、日米同盟の抑止力がなければ日本を守れないとよく言われますが、米軍が手を出してくれないと中国の軍事的な行動に十分に対抗できないというのは、多分そうなんだろうと思います。だけれども、だから日米同盟により一層依存しなければいけないかというと、果たしてそれでアメリカがこちらの思惑通り動くかどうか分からない。あくまでも未知の世界に今我々はいるわけです。

そうすると、その未知の部分をどうするかを考えなければなりません。つまり、分からないから心配だという、その部分を何で置きかえるのかということです。現在の安倍政権のように、日米同盟を強化するということで依存を強めていくのか、それともアメリカ側が来なくてもいいように自前で核武装したり空母を持ったりするのか。いずれにしても、抑止を続ければ戦争は防げるかもしれないけれど、問題は解決しないんです。

私は、そもそも尖閣の話はもともと政治が引き起こした問題であるわけだから、政治がしっかり危機管理的な対応を取ってコントロールするとか、あるいはもっと大胆な和解をしてしまうことを考えるという選択肢もあると思います。日米同盟、抑止力という文脈だけにすがって、分からないものに頼るだけではなくて、むしろ物事の原因から考えて何らかの形で政治的な合意をする手も考えなければいけないと思います。ナショナリズム同士の話だから、そう簡単ではないでしょうけれど。

もう一つ私が感じることがあります。冷戦時代はアメリカの抑止力というのは結構実感できていたんです。いざという時にアメリカがいつでも必要なことをやってくれて収めてくれる、そしてアメリカと本気になって戦争する国はないだろう、そう思えていた。ところが今、米軍が駐留することによる抑止力というのは、一体存在するのか、存在するとして、それはどんなものなのか。そこが疑われるようになっていますよね。

加藤　同盟というのは脅威対処型の安全保障体制なんですよ。脅威は同盟体制の外にあるのです。冷戦時代には、この脅威認識において日米間にまったく齟齬《そご》がなかった。

ところが、今問題なのは、日本は中国に対する脅威認識を持っているわけです。ところが、アメリカが日本と同じぐらいに中国に対して共通の脅威認識を持っているかというと、これが分からない。分からないということは、それだけでも、日米同盟の根幹が揺らいでいるということです。

柳澤　そうか、そこで揺らいでいると見るわけですね。

日本が戦争なしに生き残る道はある

加藤　そうなると、もう一つの選択肢としてあり得るのは、集団安全保障体制をつくっていくということです。日、米、中、韓（場合によっては台湾、北朝鮮、モンゴル、ロシアも含めて）で、東アジア全体の集団安全保障体制を構築する。そうすると、その中で日米同盟は完全に解消していくわけです。

過去にそういう事例もあります。一九二二年、ワシントン会議で米・英・仏・日が主力戦艦の保有量を決めた太平洋四カ国条約もそうです。あの時に集団安全保障体制を取ったために、日英同盟が無意味になって、廃棄された。まあ、集団安全保障体制でうまくいくと思っていたら、また日本は別の同盟を結んだというか、日独伊三国同盟に流れてしまったわけですが。

いずれにせよ、我々はもう日米中ともに戦わない、どのような形であれ、この地域で集団安全保障体制をつくるという方向があり得るのですね。ただ、その時に、今の力関係からすると、どう考えても我々は中国の従属下に置かれることになるでしょうが。

柳澤　それを防ぐための日米同盟ということで、政治的な意味はあるのかもしれない。

加藤　みんなが対中従属の日中関係を受け入れられるというなら、別にどうってことはないんです。親中世論が広がってくれば、それを受け入れるだろうと思います。それは決して反米ではないのです。集団安全保障体制の中で、いわば足利義満の時代の朝貢関係を日中でつくればいいという程度の話です。「従属」という刺激的な言葉遣いをしましたけれども、現代の世の中において、アメリカでさえも完全に他国から自立できるということはあり得ないわけです。自立、従属というのは、他国との関係の中で自立度がどのぐらい高いか低いかだけの話です。日本はアメリカに対して自立度がかなり低いわけですけれども、中国に対して何とかその自立度をかなり高い部分まで上げて、維持していきたいというのが念願なわけでしょう。でも、それをある程度下げるのは仕方ないだろうと思うのです。なぜかと言ったら、経済的には中国に依存しているわけです。それなら政治的にもある程度の依存は構わないという議論が出てくれば、米中覇権分有の中で日本が戦争なしに生き残る道はあるのですよ。その中での日米同盟の意味はおそらく全然違ったことになるとは思いますけどね。

柳澤　フィリピンがその道を狙っているような感じがしますね。

加藤　フィリピンがそういうふうに流れていったら、必然的に今度は台湾もおそらくそうならざるを得ないだろうし、台湾がそのようになってくれば、アメリカが東アジアで軍事的に何かを守るという意味がなくなってきますよね。韓国だって今、アメリカにとってどういう意味があるのでしょうか。いっそのこと全部を中国に任せてしまえば、北朝鮮のような厄介な問題はなくなってしまうわけです。

柳澤　ええ。というか、北朝鮮という緩衝地帯があるから、米中が直接にぶつからないで済んでいるわけですね。アメリカが北朝鮮を排除して、そこに米中が直接対峙《たいじ》するような体制をつくりたいと思っているかというと、そうとも思えないんですよね。

加藤　朝鮮半島が中国の主導の下に統一されて、アメリカにとって何の意味もない地域になってしまえば、あるいはアメリカが中国との関係のほうがはるかに重要だと考えれば、このあたりの安定は築けるのです。ただ、それをみんなが納得するかどうかの話ですけれど。

柳澤　そうそう、中国に負けてなるかという大国的なアイデンティティーを持ち続ける限りは、それが許せないのですよね。すべての問題は、それが許せないから出てくる。

平和であることを第一と考えるのか、中国に負けないことを第一と考えるのか

伊勢﨑　今言われたように集団安全保障を大きな範囲でつくるとしても、それでも、やはり共通の敵というか脅威が必要になるのではないですか？

加藤　いや、集団安全保障というのは危機管理で、内部での管理体制だから、脅威は必要ないんです。外部に脅威を置くのが集団防衛体制で、NATOはもともと集団防衛体制だったのが、冷戦が終わったために集団安全保障体制の方向に内容が変化していったんです。

伊勢﨑　先ほど紹介したPfPがそうですね。

加藤　まさに集団安全保障体制に変化していった証拠ですね。

柳澤　でも、その体制の中であっても、「おまえのところは艦船を持ち過ぎじゃないか」という内部の対立は当然残ると思うんです。ただ、そういう制度ができていくと、一緒に何でも問

題をテーブルに上げて議論するようになるから、それだけ戦争に直結しないで済むようになるという意味はあると思っています。

加藤　実際に集団安全保障体制はありませんが、非軍事部門ではいろんな協力関係ができてきているわけです。それをどんどん拡大していって、最終的に領土問題にまで影響を及ぼすようなことができるかどうかです。

柳澤　結局、そうなると、最後の究極の問いが投げかけられるんでしょうね。平和であることを第一と考えるのか、中国の後塵《こうじん》を拝しないように、中国に負けないことを第一と考えるのかという。国なり各個人の一番大事な価値は何か、そういう問題にまで辿《たど》り着くのでしょうね。

弱小国になろうとしている日本と東アジアの集団安全保障体制の行方

加藤　そこで出てくるのがやっぱり日本の平和主義だと思っているのです。これを新たな日本のアイデンティティーにして、つまり、すべてのことよりも平和が優先するというアイデンティティー、価値観をつくり上げていくのが大事だと。

伊勢﨑　アイデアとしてはすごくいいと思うのですけど、例えばＮＡＴＯが同盟つまり集団防衛から、ミニ国連、地球レベルの集団安全保障体制に近いものになっていったのは、集団防衛という体制がもともとあったからですね、歴史的に。それが広がっただけの話ですから。

柳澤　ソ連のおかげなのですよ、あれはね。

伊勢崎　そうですね。でも、それはアジアで実現できるのでしょうか？　現在、アフリカ大陸でも、「アフリカの問題はアフリカで解決する」という自負が、アフリカ連合のモットーになっていますが、「アジアの問題はアジアで」は、リージョナルなアイデンティティーとして本当に共有されるのでしょうか？

柳澤　ええ、簡単ではないでしょうね。南シナ海問題については中国が、「域外国は口を出すな」という言い方で、同じようなことを言っていますが、それでいいのかという問題もあるし。

加藤　もともとアジア太平洋地域においてもNATOに倣った集団防衛体制は構想されたんです。冷戦が激化し、対日早期講和が検討されるとアメリカは集団安全保障体制を提案したのです。ところが、オーストラリア、ニュージーランド、フィリピンなど日本と戦争した国がみんな「日本と同盟を結ぶのなんか嫌だ」と言って、仕方がないからアメリカを中心として、ANZUS条約、それから米比、米韓、日米の同盟を個別に結ばざるを得なかったのです。この地域における最大の問題は軍国主義復活という日本問題だった。

伊勢崎　おもしろいですね。

加藤　でも、その日本問題が、もう解決され始めている。だから、集団安全保障体制はつくれるのです。

柳澤　そうですね。

加藤　ただし、そこで問題なのは、かつてあれほどの権勢を誇った日本が、今や弱小国の一国になろうとしている。それに国民が耐えられるかということです。

柳澤　そういうことですね。そういう問いなのですよね。安倍政権は、中国を標的として包囲網をつくろうとしているけれど、韓国だって、フィリピンだって、ベトナムだって、中国包囲網という外見になるのを注意深く避けようとしているわけです。だから、中国を敵とした集団防衛体制と、中国を取り込んだ集団安全保障体制と、両方を比べてどちらがつくりやすいかというと、現実性があるのはむしろ中国を取り込んだ体制なのかもしれないのです。その時また一番ネックになるのが大国を夢みる日本のパーセプションということになる。

加藤　ＡＳＥＡＮ諸国はこれまでまとまりきらなかったんですが、それを中国が中華秩序の中で全部まとめていこうとしています。ＡＳＥＡＮ側にも何とか拒否しようとする動きはありますが、ミャンマーとかラオスとかカンボジアなどがだんだん中国に取り込まれています。フィリピンも取り込まれたら、チャイナ・ＡＳＥＡＮ体制ができるのじゃないですか。

共通の敵なき日米同盟は将来的には危うい

伊勢﨑　オバマ政権のアメリカはこれまで、中国包囲網と言っても、軍事的なものよりTPPのように経済同盟でという感じですよね。トランプはTPPにはそっぽを向いて、逆に、特に空と海の軍事力増強を謳《うた》っている。これは、大きな転換ですよね。

柳澤　私にはそうは読めないのですよ。むしろ中国と個別に貿易でやり取りしたほうがうまくいくと思っているのじゃないですかね。TPPじゃなくて、米中バイ（二国）でやったほうがいいと。それに、太平洋を半分中国にあげると言っているのでしょう、トランプは。あのメッセージの意味がちょっと分からない。

伊勢﨑　アジアでの集団安全保障の構想を甦《よみがえ》らせるとしたら、現実問題としてどうなんでしょう。五〇年代半ばの構想では、インドまでは入っていなかったのですよね。

加藤　当時の中国とインドはアジア・アフリカ会議の主要メンバーでした。ただ現在、中国を含む集団安全保障体制に、中国のライバルとなったインドが入ってくるとは、ちょっと思えないですね。

伊勢﨑　インドと中国の関係というのは、歴史的にすごく複雑です。インドがNPT（核拡散防止条約）体制に反して核保有国になった口実は対中国を想定してのことだったのですから。

柳澤　そこまで取り込む場合は、パキスタンも入ることになる。そうすると、東シナ海、南シナ海の話で済むところに、ヒマラヤを越えて別の要因が入ってきますね。ただ、インド洋まで含めたシーレーンのための集団安全保障というなら、それもあり得るのだろうと思うのです。

伊勢﨑　共通の敵は、もう「海賊」しかない？

柳澤　集団安全保障だから外部に脅威は必要ないわけですが、共同で対処するとしたら、それこそ海賊ぐらいしかないでしょう。

加藤　そうなのです。共通の敵のいない同盟なんてあり得ない。だから、ほんとに私は、日米同盟は将来的には非常に危ういと思っているのです。そして、それはもう集団安全保障体制の中に組み込んでいくしかない。組み込んでいくというよりも、我々が主体的に集団安全保障体制をつくる力はありませんので、中国とアメリカがつくる体制の中に日本が入るかどうかというだけの話です。入らないという選択は多分ないと思います。

柳澤　それはニクソン・ショックの何十倍のマグニチュードですよね。しかし、本当に歴史を変えることになりますね、そういう動きになればね。トランプさんにお勧めしなきゃいけないかもしれない。

第三章　対テロ戦争と日本

9・11以降の対テロ戦争と日本の関係

柳澤　さて、対テロ戦争ということを考える時にすごく悩ましい問題は、9・11以降取られてきた対応が全然うまくいってないことです。二〇〇一年の9・11から対テロ戦争が明確に意識されたという前提で議論するのですけれども、9・11があって、ブッシュ大統領が「これは戦争だ」と叫んで、戦争の論理で動き出すわけです。しかしそれが今日までうまくいっているかというと、そうではない。テロ勢力は9・11の当時と比べてもっと拡散しているし、破綻国家はもっと増えている。

だから、対テロ戦争という文脈そのままで、アメリカにグローバルな同盟という形で協力していくというやり方が、本当に大きな戦略として成功するのかという問題が一つあるわけです。イラクに自衛隊を出した時も、私の非常に狭い了見で考えれば、おつき合いで出すのだから一人も死ぬことはないよという思いでいた。その限りで言うと、一人も死ななかったという意味であのオペレーションは大成功なのですが、しかし、イラクの安定を取り戻すための支援という意味では、安定がまったくなくなっているわけですから、大きな目的においては失敗しているわけです。

だから、アメリカの対テロ戦争という戦略のところでコミットしていたのではなく、アメリカにおつき合いしなければいけないということで、そのアメリカの戦略は議論の対象としないままで、その中で戦術的に対応してきたのが日本です。憲法とかいろんなものを引き合いに出して戦闘行為には関わらず、小切手外交と悪口を言われない範囲で人も出しているよと弁解しながら、しかし米軍と同じようなリスクは負わずに今日まで来ている。その意味では、戦術的にはある意味でうまく立ち回ったのかもしれないけれども、テロをなくすという意味ではほとんど役に立つことを結果としてやっていないという状況です。

今考えなければならないのは、今後もアメリカにくっついていくというのが、まず戦略論として適切かということです。それがテロの根絶につながるのかどうかを考えなければいけません。焦点になっている南スーダンの問題を考えても、自衛隊による「駆け付け警護」の可否だけが議論になっていますが、実際問題として目の前でシビリアン（市民）が襲われれば助けざるを得なくなるわけで、ここまでずるずる来てしまうと逃げられないという面もあるのです。だから、議論すべきはその問題ではなくて、なぜここまでずるずる来てしまったのか、日本の関与をどう再構築していくのか、その戦略論のほうがすごく大きいと思っているんです。

私の問題意識はそういうところにあります。戦略論で日米が一体化するというよりは、むしろアメリカと違う形で日本の戦略をちゃんと立てなければいけないと考えるのです。

国防のためにアメリカの対テロ戦争に関与するというロジック

伊勢﨑　その前にぜひお聞きしたかったのは、柳澤さんが政府の司令塔にいて、イラクに自衛隊を出した当時、安保理決議があるとはいえ、PKOでもないのになぜ？　ということが議論されたじゃないですか。安全保障の学者とか専門家たちは、したり顔で北朝鮮の脅威を挙げました。北朝鮮対策でアメリカの支援が必要だから、自衛隊をイラクへ出すのだと。このロジック、みんな言っていた。

柳澤　小泉首相の答弁はまったくそれに近いですよね。

伊勢﨑　特に北米専門家と称する人物たちがおしなべてこのロジックを使っていた。僕は、ほんと、目が点になるとともに、怒りに任せて評論をいくつか書いたのですよ。「日本の国防を、日本とはまったく関係のない最果ての民の血であがなう。狡賢《ずるがしこ》いだけじゃない。姑息《こそく》。卑怯《ひきょう》である」と。

あるシンポジウムで同席した北米専門家がこのロジックを吐いたので、ほんと、そのしたり顔に一発お見舞いしそうになったのですが。よくテレビに登場する彼です（笑）。

で、そのロジックの期待通りになったのですかね。

柳澤　イラクで汗を流してくれてありがとうというレガシーは残っていないと思います。逆に、イラクのサダム・フセインを倒したことで、北朝鮮の核開発を更に本気にさせた側面があるわけです。いざという時にどう守ってくれるかということでは、アメリカは朝鮮半島周辺にB52を持ってきたり、空母を出したり、演習したりという威嚇行動は取っているけれども、本当に戦争が始まった時にどうするのかという点では、アメリカの出方は未知数のままですよね。

伊勢﨑　今それが北朝鮮から中国になっただけの話ですよね。そうでしょう。中東やアフリカは、日本人はまったく興味がないから、日本の政局にとっても対岸の火事でしかなく、なぜ日本が対テロ戦争に関与しなくてはいけないかというと、結局、中国に対処してもらうだけのためでしょう、本音は。テロを本当に根絶するにはどうするかみたいな戦略論はまったくなし。とりあえず、アメリカに協力している形ができればと。やっぱり、姑息、卑怯だと思う。日本の武士道精神、どこに行ったのか。

柳澤　そうなのです。一方、二〇一五年に成立した新安保法制については、その論理は、テロを根絶することが日本人の生命の保護につながるという関係で語られていました。その意味では、アメリカに協力するという文脈の他に、日本自身が自分で軍隊を出して日本人を守るという発想ももう一つつけ加わっているなという感じはします。

そもそも「対テロ戦争」とは何か

加藤　対テロ戦争という言い方がありますけれども、そもそもテロとは何ぞやということも定義されていないんですね。そして、対テロ戦争とは何ぞやということも定義されないまま、いろんな議論が錯綜《さくそう》しています。

アメリカの対テロ戦争というのは、明らかにアメリカの軍事戦略であって、実際にテロをどうするこうするということではありません。要するに、自分たちの世界秩序を破壊する者に対する攻撃にすぎない。たまたまテロとは名付けていますけれども、あたかもローマ帝国の蛮族に対する攻撃のような形で、非国家主体とか非主権主体に対して、アメリカの一極秩序を守るためにブッシュ政権が仕掛けた治安維持戦争だということです。日本がそれに従わざるを得なくなったのは、アメリカの子分としては、ある意味で当然と言えば当然です。

実はブッシュ政権の頃は、軍事力にしても、経済力にしても、アメリカの力が歴史上極大化した時だった。それが9・11一発でニューヨークのワールド・トレード・センターがやられたために、もうメンツ丸潰れというところもあって、対テロ戦争になっていった。だから、出発点からして本当の意味でテロの問題じゃないというか、テロを防ぐためにはどうしますかという話ではなかったわけです。

純粋にテロだけのことで言うならば、一九六八年にPLO（パレスチナ解放機構）がハイジャックを始めてから、七〇年代、八〇年代、九〇年代にかけてどれほどテロが起こったことか。それをみんな全部きれいさっぱり忘れて、あたかも9・11以降にテロの時代に入ったみたいなことが言われますけれど、それはまったくの間違いです。

また、対テロ戦争ということで言っても、テロに対して軍事力を行使したのはブッシュが最初ではありません。一九八六年四月でしたが、当時のレーガン政権がリビアのカダフィに対して爆撃をやったのです。というのも西ベルリンのディスコでテロに遭った米兵二人が死んだのですが、その背後にはカダフィがいるからという理由で仕掛けたものです。あの時アメリカは自衛権を発動すると言って、そんなばかな話があるかと話題にもなったのです。

そういう意味で、テロということだけで言うならば、実はもっと前からいろんなことは起きています。だから、対テロ戦争とテロの問題は、やはり切り離さないとだめだと思います。明らかに対テロ戦争は、アメリカの世界戦略をただ対テロ戦争と名付けているだけのことです。

戦術レベルでは、昔のベトナム戦争から今日に至るまで、アメリカのやっていることはまったく変わらない。同じことをずっとやっているだけです。鞭《むち》とアメを使い分けて軍事力で攻撃したり、それがうまくいかなければ金をばらまくという、それの繰り返しですから。

日本とテロとの関係で言うならば、日本がイスラムによるテロ攻撃を受ける可能性は極めて低いと思います。極めて低いということを踏まえた上で、でも、日本がテロに対して大きな責任があると私は思っているので、何もしないでいいというわけにはいかない。中東に自爆テロを持ち込んだのは、間違いなく日本赤軍（パレスチナ武装解放闘争のため一九七〇年代にテルアビブ空港乱射事件、ダッカ事件などの事件を起こした極左組織）なのです。

柳澤　日本赤軍だ。

加藤　そして、メガデス・テロという、いわゆる何でもありのテロの時代を切り開いたのは一九九五年のオウム真理教による地下鉄サリン事件をはじめとした一連の事件です。世界中でテロというとこれが二大事件。どれもテロの倫理的障壁を崩すテロを日本人がやってしまった。

日本はテロに対してそれなりの責任を負うべきなのです。

でも、テロというのは軍事の問題ではなくて、警察の問題にしていかないとだめなのです。世界中の警察力の協力の中で、おそらく新しいグローバル・コップ――軍事力ではないグローバルな治安維持のシステム――をつくり上げ、その中でグローバル・テロへの対応は考えていかないといけない。だから、自衛隊が協力する話では絶対にない。あくまでも警察や公安調査庁の問題だと私は思っています。

警察力で対処すべきテロへの報復措置が戦争、という新たな状況

伊勢崎　まったくその通りです。テロ犯は、必ず一般民衆のコミュニティーの中にいる。けれども、軍隊はいつもコミュニティーにいるわけにはいかない。有事が日常になってはいけないのですから。日常の中に巣食うテロリズムへの対処は、一義的には警察力なのです。

僕は、9・11を契機にアメリカ・NATOが個別的・集団的自衛権の措置として報復、アフガニスタンのタリバン政権を崩壊させたあとの占領統治に関わりましたが、テロ攻撃は依然継続するも、戦時からアフガン主権国家が成立し準平和時に移行すると、アメリカ・NATOの対テロ戦力の主眼は、新しいアフガニスタンの国軍よりも警察の養成に移行したのですね。警

察は民衆の日常生活に常に接することができるからです。

しかし、この准平和時から戦時への移行は瞬時にして起きる。ここが問題です。すでに述べたように、二〇一五年一月のシャルリー・エブド襲撃事件以降、フランスはシリアのＩＳ（イスラム国）に対して空爆を行っていますが、これは個別的自衛権の行使です。テロ事件は当然「事件」としての対処ですから犯罪者の逮捕ですが、その報復措置は戦争なのですね。犯人を捕まえた時は国内法が管轄するのですから犯人の人権を考えますが、その報復措置として空爆する時には「敵」の人権はそこまで考えなくていい。

あとで詳しく言いますけれど、インドで起きたテロ事件をきっかけに、あわや核のボタンが押されるかという事態になったことがあります。なぜそこまで、そして瞬時にエスカレーションしたかというと、こんなことをやるのはパキスタンに違いないという不安が、すでにインド社会に広く深く醸成されていたからです。

このように、世界は今や、「防犯」と「戦争」の世界を自由に行き来する敵をつくってしまった。テロリストの出現は戦争の概念を変え、これとの戦いが始まりました。二〇一六年のパリ、ベルギーのテロ犯は、未遂に終わりましたが、原発に照準を合わせていたことが明らかになっています。しかし、これは今に始まったことではありません。「核セキュリティー」——

つまり「セイフティー」ではなく狙われる脅威の想定ですね——の時代は、ソ連崩壊後、マフィア・グループが核に手を付けるようになってからすでに始まっており、9・11を契機としてテロとの戦いの一環として明確に認識されるようになりました。加えて、日本の3・11が、大きな打撃力によるものではなく「電源喪失」で済むことを周知させてしまったことへの認識を明確に国際社会は持っています。当の日本以外は。

西洋秩序へ挑戦する勢力の登場

伊勢﨑　加藤さんは、日本がイスラムのテロ攻撃を受ける可能性は低いとおっしゃいましたが、それはこれまでの話だと思います。これからは、通常戦力で圧倒的に劣勢な「敵」は、現在進行中のイラクのモスル、シリアのアレッポ戦でも、制圧されていくのでしょう。そういう通常戦での戦況と反比例して「敵」が活路を見出していくのは、ホーム・グロウン的な戦いです。これは、日本も例外ではない。というか、アメリカ・NATO諸国が、どんどん国内の防犯対策を連携強化していく中で、地政学的に孤立している日本はどうなるのか。すでに述べたように、短視的な対中戦略が逆に「アメリカのかわりに狙われる」可能性をつくっている状況で、日本はどうするのか。国防戦略のパラダイム変換が必要だと思います。

この国防戦略のパラダイム変換に関連して大事だと思うのは、テロと、いわゆる反体制運動（insurgency）の区別です。例えば、ボコ・ハラム。これが拠点とするところでは、ナイジェリアが独立した当時から分離独立運動がずっとあったのです。だいたいそれらは少数部族とか少数宗派とか地域のアイデンティティーで括られ、それらに対する中央政府の圧政が明確に認識されると、「自決権」としてそれらを応援するのが、国際社会のポリティカル・コレクトネスでした。ところが、今は、それらに「イスラム」という括りが付くと、とたんに「テロリスト」というマインドセットができ上がっちゃっている。トランプ政権誕生で、これはどんどんこのまま強化されていくでしょうが、今に始まったことではなく、オバマ政権の時に飛躍的に加速したのです。

そもそも、〝ラディカル（Radical）〟って、とんがっていて、昔はカッコいいものでしたよね。でも、現在のそれは、脱過激化（De-radicalization）として、対テロ戦略のコンテキストでニュアンスされ、忌諱《きい》されるものになっている。そういえば、安保関連法案の時、国会前で集会している若者たちをテロリスト呼ばわりした保守系政治家がいましたが（笑）。日本は保守が平和ボケだから、みんな平和ボケになる。

加藤　九〇年代までのテロというのは、共産主義対資本主義の中で生まれたものです。だから、赤色テロ（共産主義者）、黒色テロ（アナキスト）とか、白色テロ（右派）とか、そういう言われ方をされた。ソ連が倒れたら、この手のテロはなくなったのです。東ドイツやソ連からの支援が打ち切られましたからね。

そのかわりに出てきたのが、一九七九年のイラン革命を起点とするイスラム・テロ。このイスラム・テロは、明らかに西欧秩序に挑戦しているのです。イランはシーア派の秩序を湾岸に輸出しようとしているし、9・11以降のスンニ派のアルカイダは反米・反西欧のテロをやっています。

一番問題なのはISで、ISが追い求めているカリフ制というのは、それこそオスマン・トルコ帝国が滅亡し、トルコ共和国が一九二四年にカリフ制を廃止したあと、その再興を願っている人たちがずっと掲げてきた目標ですが、それをテロで広げてきているわけです。その結果、イスラム・カリフ制の秩序対現在の西欧国際秩序という対立が生まれている。中田考の『カリフ制再興』を読むと、もう領域国家・国民、西欧国際秩序なんか倒してしまえという主張ですよ。ISのほうがはるかにグローバリゼーションで、ヒューマニティーのある体制だというようなことが書かれている。

伊勢崎　基本的にグリーバンス（抗議、苦情）があるわけですね。昔は、一つの国のローカルなものだった。今や、それはローカルにとどまらず、どんどん横につながっていく。インターネットの発達が、それを急激に加速させている。もう、どうしようもないですね。

技術の発展が加速したテロの拡散

加藤 グリーバンスだけでなく、共産主義のテロだって世界中に広がりましたよ。六〇年代、七〇年代、どれほど共産主義の名の下にテロが日本国内で起こり、西ドイツ、フランス、イタリアなどのヨーロッパでも起こった。世界中に広がったのですよ。だから、グリーバンスだけじゃない。政治信条でもテロが起こっているわけで。

柳澤 その政治信条が出てくる根っこに何がしかのものがある。

伊勢﨑 そうそう、誰だって書物を読んで知識を得れば、それの影響を受ける。けれども、それだけじゃ、命を犠牲にして抵抗する原動力にならない。やっぱり個人的なグリーバンス、そしてそれが集団として帰属するアイデンティティーの犠牲がないと。

加藤 だから、体制に対する反抗ですよね。

伊勢﨑 そうそう。だから、その源泉は、やっぱり個人の原体験なわけですよ。

加藤 でも、共産主義テロの場合は共産主義だったのです。

伊勢﨑　だけど、それが増幅するには、やっぱり個人的な恨みが発端となり、それに共感する集団がある。

加藤　革マルや中核がグリーバンスのような心情を持っていたとは思えないのだけれど。

伊勢﨑　個人的なグリーバンスは、なぜそうなるのかと説明を求めるわけですね。それが社会の構造が原因だとする理論が見付けられると、抵抗の教義が生まれる。

柳澤　昔の共産主義のテロというのは、共産ゲリラと呼ばれていたわけでしょう。共産主義で理論武装して、ソ連から武器の支援を受けてやっていて、それに対抗する側は、共産ゲリラとの戦いという位置付けだったと思います。それは、あちこちでやられていたけれど、それぞれの局地的な戦争として処理されてきたと思うんです。現在のテロは当時と何が違うかというと、グローバル化とインターネットの影響で、技術レベルかもしれないけど、広がり方というのは昔とちょっと違う。現在のテロリストはみんな、「毛沢東読本」なんて持たずにタブレットを持っているわけですよね。その違いはある。

加藤　拡散のスピードは速くなりましたね。一九六八年ぐらいからテロが始まったのはなぜかというと、航空機の発達があったからなのです。それでハイジャックが始まったのです。それから、イラン革命があれほど大きな広がりを見せたのは、実はウォークマンの影響なのです。

ウォークマン革命と言われて、フランスに亡命していたホメイニさんの説教をみんながカセットテープに次から次へとダビングしていって、それで広がっていった。そういう意味では、それこそ技術の発展によって、情報が拡散するスピードはものすごく速くなりましたけど、その一方でグローバルな質的な意味で言うと、共産主義のテロも世界的な広がりを持っていたと……。

「降伏」を制度化させるほど「敵」には組織的なまとまりはない

柳澤　それは事実でしょう。加藤さんはまさに低強度紛争研究の第一人者だし、こだわりもあると思います。ただ、むしろ今考えたいのは、現在のテロが戦争としてやられている部分があることなのです、現実に。今のISとか、それからアフガニスタンのタリバンなどを相手にしようと思うと、持っている装備からしても、どうも警察の手に負えないわけですよね。法的には警察権であるとしても、実態としてはやはり軍隊がどうするかを考えざるを得ない。だから、その部分をどうするのですかということを、ここでは議論したいと思うのです。各国で起きているようなホーム・グロウン・テロというのは、戦争じゃなくて、国内の法執行の問題だと思うんですが。

その点で、アフガニスタンに絞って考えてみると、アメリカが行ったから現在のような混迷が生まれたのか、アメリカが行かなくてもそうなっていたのかということです。アフガンは、アメリカがいなくても、タリバン政権があって問題を抱えていた。アメリカがそれを戦争で打倒したわけだけれども、打倒しきれなかったということですよね。今、だからと言って、何もしないで放っておいてもいいよ、軍隊も出さなくていいよというわけにもいかないだろうというのが、国際社会の普通の受け止め方になっている。そうすると、現在あそこに軍隊がいる意味というのは何なのだろうか、そこを考えなければいけないですよね。

伊勢﨑　僕がアフガニスタンでアメリカとNATOの陸戦の世界に関わって言えるのは、軍事関係者の中のコンセンサスとして、二〇〇一年から二〇一四年まで一三年間、一時期には二〇万人を超える兵力で主力戦力として戦ったけれども、軍事的勝利を挙げられなかったことが、明確に組織的なトラウマと教訓になっていることです。トランプ政権下でも、政権が安定していれば、同じ轍《てつ》は踏まないでしょうが、アメリカ国内の経済政策が破綻するとか支持率が急低下したような場合は、何が起こるか分かりません。

二〇一七年の今、イラクのモスルとか、シリアのアレッポでも、ある程度、地上戦の決着はつくでしょう。しかし、ISの残党を皆殺しにすることはできません。どこかに分散するはずです。それはシリア国内、もしくは北アフリカにも。そうなると、タリバン政権を打倒した当時のアフガニスタンの状況になってくるわけです。残党は、パキスタン国境のトライバル・エリアと言われる地域に潜伏し、力を蓄え、反撃に備えた。

「敵」は根絶できないし、「降伏」を制度化させるほど「敵」には組織的なまとまりはない。基本的に彼らは「ネットワーク」ですから。

だから、地上戦はある程度決着はついても、それは一〇年ともたないのです。タリバン政権を崩壊させる過程、そして崩壊させた後の建国の過程で、最初に解放されたのはクンドゥスというアフガン北部の都市ですが、それから一四年を経た二〇一五年、タリバンに取り返されてしまったのです。タリバン政権崩壊後の新政権の軍、警察が最も早く配置され、復興が進んでいたはずのクンドゥスが、なぜタリバンに再び取られたのか？　アメリカ・NATO関係者は、その「解放」に直接的に関わった僕を含めて、本当にショックだったのです。

関係者の分析は、「内部の手引き」です。つまり、当の住民たちがタリバンに協力した、と。

つまり、新政権の統治が始まっても、住民には期待外れなのです。行政は腐敗まみれ。特に、住民に安全を提供する新政権の統治のシンボルであるはずの警察が、不満を持つ住民に対する制裁装置になっていく。二、三年は辛抱するのですが、一〇年を過ぎ、腐敗が「文化」として定着してくると、当然、その変革が希求されてくる。そこに、「腐敗」のない、胸のすく「沙汰」を標榜《ひょうぼう》するタリバンが入る隙がつくられた。住民自身がＣＨＡＮＧＥを求めたのです。

ですからイラクでモスルを奪回しても、同じことになるでしょう。もともと、スンニ派が多い当地のシーア派の政権に対するグリーバンスが、二〇一四年のＩＳの進軍を受け入れた経緯であったわけですから。

柳澤　イラクはシーア派の政権ですから、またスンニ派に対するものすごい弾圧が行われるわけですよね。それでまた反発が引き起こされて。

対テロ戦争後のグッド・ガバナンスとは

伊勢﨑　モスル奪還作戦の中心になっているのは、クルド人です。イラク北部、モスルのすぐ北はクルド地区で、イラク政府は自治を認めていた。ＩＳからの奪回作戦で、そのクルド人を今、アメリカが支援しているわけです。クルドの苦難の歴史の中で、これほど珍重され支援された歴史はなかった。
柳澤　そうですね。クルドが一番有能のように見えますね、今。
伊勢﨑　そうすると、ＩＳを蹴散らした後は、もう昔のクルドに戻らないです。国際社会にもイラク政府に対しても、ＩＳを蹴散らした大きな貸しをつくったのですから、以前の「自治」以上のことを要求してくるのは当然です。イラクからの「独立」みたいな話になってくるわけで、それはイラク政府が許すわけがない。つまり、モスルを取り返しても、その後のほうが問題です。スンニ派とクルド人が共同してイラク政府と対立する構造の中で、この地域のガバナンスがどうなっていくのか。元のように冷遇されるようになると、また同じことの繰り返しです。その時のＩＳ的なモノは、どういうふうに変異しているのか。

加藤　だけど、その時に、要するに、グッド・ガバナンスって一体何なのかという話にはなってくると思うのですよね。我々が見たら、タリバン政権はあんまりよろしくない政権だというふうに思うわけでしょう。

伊勢﨑　ガバナンスの良い悪いって、やはり長い目で見ないと。それと、そりゃ、民衆の視点で良くなければいけないのだけど、その民衆って誰？　という問題がある。

加藤　それはアフガンの国民の人たちがいいと言うならばいいとしか言いようがない部分がある。だけど、もちろん大半は違うと思いますよ。それともう一つは、アフガンの歴史を俯瞰《ふかん》しても、大体、一九七五年までは比較的いいというか、非常に安定した国家だったのですよね。

伊勢﨑　ある意味、西洋化されて。

加藤　一九七八年の四月革命以降、ずっと混乱していく。それで、ソ連も軍事介入し、撤退して、九〇年代のほぼ一〇年間、国際社会から見放されていたのですよ、アフガニスタンというのは。

伊勢﨑　そうなのです。僕が武装解除させた軍閥たちも、アメリカはソ連をやっつけるため俺たちを利用するだけ利用したけど、ソ連を追い出したら、読みかけの本を閉じるように見放した、と言っていた。ソ連をやっつけた功労者の軍閥たちは、ソ連と共産政権がいなくなった力の空白をめぐって内戦に突入した。

加藤　ずっと内戦をやっていたのです。そこになぜか知らないけど、9・11のあと、内戦があったからアルカイダのようなテロリストたちが入ってきたので、これを何とかもとに戻そうとアメリカが介入していったわけです。でも、そんなことはもう、ある意味で大きなお世話だとしか言いようがないのじゃないか。

伊勢﨑　そうすると、すべてはアメリカのせいだということになっちゃうのですけれど、忘れちゃいけないのは、印パ（インド・パキスタン）の独立以来のライバル関係という地政学上の問題もあるわけです。パキスタンがアフガニスタンの内政になぜ介入するかというと、インドが同じことをするのを恐れているわけですね。アフガニスタンが親インドになってしまったら、パキスタンは敵のサンドイッチになってしまう。

加藤　いざとなったらパキスタンはアフガニスタンに逃げ込まないといけないから。

柳澤　あそこは、大国の思惑が働いているから、余計やりにくいんです。だから結局、優勢な軍事力を持って一時的に武装勢力を排除するというのは、ここに至った以上は仕方ないということになるのですが。

アメリカがタリバンと和解できない理由

加藤　今、アメリカやＮＡＴＯがアフガニスタンに駐留している意味って何なのですか。目的は何ですか。

伊勢﨑　目的は、基本的にまだアルカイダ、タリバンの首脳たちがパキスタンとの国境あたりにいて、それを排除しようということです。実際、タリバンのトップ、マンスールを爆死させたのも、そういうことです。

加藤　タリバンがアメリカ本土までは出かけては行かないと思いますけどね。

伊勢﨑　行かないですよ。アフガンのタリバンは、絶対に行きません。アメリカの支援を受けてソ連を倒した軍閥たちの権力争いで荒廃した社会を世直しする運動として始まったのがタリバンですから。

加藤　だったら、もう放っとけばいい。

伊勢﨑　放っとかなければいけないのです。だから、ブッシュ政権の後期から始まり、オバマ政権を通して、ずっとタリバンとの政治的な和解を模索したわけです。僕も二〇〇九年頃、それに関わったのです。だけど、うまくいかない。だからアメリカ大統領が、前に述べた広島の記者会見のように追及されることになるわけです。しかしアメリカの大統領は、ドローンによる首謀者の殺害をやめられない。

加藤　タリバンと言っていますけど、あれは基本的に、イスラムの保守派の人たちでしょう。

伊勢﨑　そうそう。

加藤　そういう意味では、タリバン的な人たちは昔からアフガニスタンにずっといて、一九一九年に王位に就いたアマヌッラという国王が近代化をやり過ぎてイスラム保守派に暗殺されて、その後はイスラム保守の王政による政権をつくっていくわけです。これが王族の一人ダウドが共和制を樹立する七三年までずっと続いているのですよ。だから、タリバンを目のかたきにすること自体、アフガニスタンを安定させるにはあまり意味のない話じゃないかと思います。

伊勢﨑　アメリカがタリバンとの政治的和解をめざしたのも、そういう模索だったはずなのです。そして戦略的には、特に陸戦的には負け続けで、アメリカの大統領が、タリバンの指導者を象徴的に爆死させることでしか、戦果を説明できないというジレンマに陥っている。

柳澤　そうやって指導者を殺しちゃったら、なかなか妥協が難しくなるわけでしょう。

伊勢﨑　そうなのです。それを一番知っているのはアメリカなのですけれど、それでもやらざるを得ない。これがアメリカのやる戦争の性《さが》なのです。

加藤　莫大《ばくだい》なお金を使って、何も成果がないというのでは、国民に説明がつきませんからね。

伊勢﨑　若い米兵の命の犠牲も払って。

自衛隊がアフガニスタンに派遣された場合のミッションを考える

柳澤　新安保法制ができて、自衛隊の派遣が現実的に一番あり得るのはアフガニスタンではないかと、実は私は思っているのです。何か後始末に入らなきゃいけないわけでしょう、タリバン穏健派との和平ができたところでね。その時にやっぱり軍隊が要りますよね。あまりにも現地の軍隊が無能だから。それで国連ＰＫＯなり、国連が統括できない多国籍軍なりを送ることになったとして、誰に声がかかるかというと日本ではないのかと思うのです。国連ＰＫＯならこれまでの法制でも送れたわけだし、新安保法制で新たにできることも増えましたし。

伊勢﨑　アフガニスタンでは、タリバン政権崩壊後、東ティモールでのような暫定行政府型の国連ＰＫＯでやろうという話があったのですが、たち消えになりました。まず、異国の軍に対するアフガン人の生理的拒否反応の問題があった。歴史に翻弄されてきましたから。誰が部隊を出すかということでは、やっぱり個別的・集団的自衛権で敵を倒した者たちに後始末をということで、アメリカとＮＡＴＯの占領統治になりました。

現在、平和を維持するために、あの広大なアフガニスタンにＰＫＯを展開させるとしたら、多分、その総兵力は国連史上最大のものになるでしょうし、そもそもまず、維持する「平和」がありません。アメリカ・ＮＡＴＯ軍が一三年間のアメリカ建国史上最長の戦争に引きずり込まれた撤退の後です。ちょっと考えにくいですよ。

柳澤　そうなのだけど、アフガンから米軍が引くためには、タリバンとの間で和平協定ができないといけないわけでしょう。和平協定ができれば、停戦の合意があるということになるから、例えば紛争当事者が合意していますということになると、ＰＫＯを派遣できるから、南スーダンと同じ論理で自衛隊は行けるのです。

伊勢﨑　論理的にはそうですね。

加藤　その時のＰＫＯって、何のためのＰＫＯなのですかね。

柳澤　停戦監視型です。国連の統治は受け入れないでしょうから、停戦監視型のPKOになる。

伊勢﨑　ああ、そうですね。今までのアフガニスタンの国連ミッション（UNAMA）は、PKOではなく、いわゆる「政治ミッション」です。中には軍事部門もありますが、それは事務総長特別代表の軍事アドバイザー部門という位置付けです。柳澤さんが言われているのは、これに非武装の停戦・軍事監視団を付けるタイプになるでしょう。部隊を付けるにしても、ごく少数で、ゴラン高原に派遣されていたような、つまりフルのPKOでなく、「停戦監視ミッション」です。それならあり得るし、僕自身、そういう提案をずっとしてきたのです。

加藤　アフガニスタンで軍事監視ってどうするのですか。ゴラン高原みたいなところでなら分かるけれども。

伊勢﨑　いえ、考え方は同じです。互いに隣接する二つの国の仲が良くない。その国境で両軍が衝突するのを防止したい。もしくは、両国の治安に悪影響を及ぼす別のアクター――ゴラン高原ではヌスラ戦線とか非合法組織――を取り締まりたいのだけれど肝心の両軍の仲が良くない。こんな状況に派遣されるのが国連の軍事監視です。「監視」というのは、別に、国連が国境の治安業務を担うのではなく、敵対する両軍が協働できるように要、つまり信頼醸成装置となることなのです。非武装が原則で、両軍の間のコミュニケーションを担い、衝突が起きた時にはそれがエスカレートしないように両軍の指揮官を集めて裁定したりする。つまり、安保理の現場の目なのです。

アフガニスタンの場合は、タリバン、アルカイダが潜伏するパキスタンとの国境ですね。でも、アフガン国軍とパキスタン軍は仲が悪いのです。アフガン政府は、当時、タリバンをつくってアフガニスタンに送り込んだのはパキスタンの三軍統合情報局（ＩＳＩ）だと思っていますから。

実は、二〇一四年に撤退する前のＮＡＴＯ軍は、主力戦力として武装していましたけれど、それでもいつか訪れる将来の撤退を考えて、国境上にアフガン国軍とパキスタン軍が接触できる共同戦略ポイントをいくつか設けて、実際に信頼醸成をやっていたのです。

加藤　あんな山岳地帯にどうやって停戦監視員を置くのですか。

伊勢﨑　停戦監視というのは、ポイントを置くわけですよね、その両側に……。

柳澤　一番危ない峠道に検問所を置くのでしょう、多分ね。

加藤　検問所といったって、検問所以外のところはいくらでも素通りできますよ。

伊勢﨑　そうなのですけれど、目的は両軍の信頼醸成だから、それでいいのです。

加藤　カイバル峠のようなところならポイントですし、そこに置くというなら話は分かるけども、他のところってどうかな。

伊勢﨑　アフガン国軍は、当時は、アメリカが創設し発展途上でしたが、アフガニスタン側のNATO軍と、あちら側のパキスタン軍は、国境に沿って前線基地を持っています。

加藤　どこに持っているんですか。

伊勢﨑　アフガン側のNATO軍の前線基地（FOB：Forward Operating Base）としては、パキスタン国境沿いに七〇以上ありました。パキスタン側のパキスタン軍はこんな数ではないでしょうが、もちろんあります。

加藤　パキスタン側に？

伊勢﨑　はい。パキスタン側の国境地帯はトライバル・エリア（部族地域）として、パキスタン独立以来、高度の自治が許されていたのですが、9・11を契機としてパキスタン軍が入るようになったのです。共同の戦略ポイントは、それらの前線基地が国境越しに対面している場所です。二〇〇九年に、僕が、先ほど述べたパキスタンのＩＳＩの招きで——当時の長官のスジャ・パシャ中将はシエラレオネ国連ＰＫＯで一緒に働いた戦友だったのです——イスラマバードのＩＳＩ本部に行って戦略室でブリーフィングを受けた時は、あの長い国境線に三つＮＡＴＯ軍とのポイントが設けられていました。そして今、それがアフガン軍に移譲されているわけです。
二〇一四年末にNATO軍は撤退したのですから、仲の悪いアフガン軍とパキスタン軍の間に入って共同の戦略ポイントを維持、発展させ、アルカイダやIS的な非合法組織を抑制することが必要なのです。それも、半永久的に。これができるのは、国連の軍事監視団しかありません。

柳澤　アフガンはそうですけれど、例えばさっき話の出たモスルとかアレッポのことを考えても、ISが一応見た目では掃討された後、国際社会が介入していくことはあり得るわけですよね。その場合に、シリアのほうはちょっと内戦状態があるから別なのだけれど、イラクの場合は、何か自衛隊が出ることが可能な国際的枠組みができることもあり得ます。南スーダンよりも更に脆弱な停戦状態ということになるでしょうが、そういうものに対してどうしていくのかも考えていかなければいけない。
トランプ政権ができれば、基本的には自分はもう出さないでしょうから、かわりに出せよという話になってきます。駐留経費もこれ以上出せないと言うなら、この分野でやれという注文が付く可能性もあるわけです。

対テロ戦争後、PKO的な枠組みで自衛隊はどうするのか

伊勢崎　だけど、そういうことは、もう西欧のアメリカの同盟国はやりません。米軍が主力戦力としていないところに日本は行かないでしょう。例えばイラク。イラク軍しかいないところに――欧米のプレゼンスがあってもそれは民間軍事会社かイラク軍の訓練のための部隊でしょうから――自衛隊が後方支援しに行く？　普通の同盟国がすることではない。

柳澤　だから、後方支援というより、ＰＫＯ的な枠組みができた場合のことです。南スーダンだって、米軍がいないところに自衛隊が行っているわけだし。

伊勢崎　国連安保理の承認が出る時でしょうね。自衛隊が行くとしたら、やはり軍事監視団がいいと思います。シリアでも、ＩＳが出現して紛争構造がメチャクチャになる前、まだアサド政権VS反アサドの構図だった二〇一二年、アラブ連合と国連が共同して非武装の停戦・軍事監視団を出したことがあります。

現在の戦況でも、イラク側のモスルはイラク軍が制圧し、シリア側はシリア軍、そしてトルコ軍という、対ＩＳには、仲が良いとはまったく言えない正規軍が相対する国境で、軍事監視が必要になってくるでしょう。でも、今回は、そこに、同じように「勝者」としてのクルド軍、シーア派そしてスンニ派民兵組織が入ってくる。「監視」の対象が、国連の軍事監視団史上、

最も複雑なものになるでしょうが。

柳澤　だから、そうだとすると、日本はこれからどうしていくのか。結局、アメリカが主導する対テロ戦争が、一応何となく成功した形が取れたとすれば、その後をどうするかということを考えなければいけない。各国はもう相当疲れていますよね。まだ疲れていない国って、多分先進国の中では日本だけなのかもしれない。あるいは、放っておけば中国とロシアが出てくる可能性もあるのだけれど、日本はそこをポリシーとしてどう確立していくのかということなのです。

安倍首相は、ＩＳと戦う外国軍隊に対する後方支援は、法律上はやれるようになったけれど、政策判断としてやりませんと言っています。では、その政策判断というのは、一体何なのですかということです。相手が強くて物騒なら行きませんというのが政策判断の中身なのか、そうでないなら、日本としてこれとは別のこんな形で貢献していこうと思っているから、これはやらないという話なのか。

少なくとも南スーダンで見えるのは、道路工事が平穏にできる状況であれば、道路工事のお手伝いはしますということです。だけどそれは、国家のポリシーとしてはあまりにもシャビー（みすぼらしい）なのですね。そこのところを考えていかないといけない。

伊勢﨑　日本にそれを「考える」能力があるのでしょうか。敵に勝つための戦略を考えるのはアメリカで、それにどう合わせるかの戦術を考えるだけの文化が日本には染み付いている。対テロ戦の戦略を日本独自で主体的に考えろと言ったって、考えなければいけないと言うのは簡単ですけど、我々にその能力があるのか。それはつまり、自衛隊の組織文化を根底から変えることでしょう?

柳澤　いえ、簡単なのですよ、発想を変えさえすれば。自衛隊を出せる意味があるのは停戦監視であって、それ以外は、自衛隊を出せない前提に発想を変えて、その上で何をするかを考えるということなのじゃないですかね。

西欧的な民主主義体制だけがグッド・ガバナンスではない

伊勢﨑　対テロ戦は失敗していて、勝てない状態がずっと続いているわけです。失敗の原因というのは、さっき挙げたように、アフガニスタンのクンドゥスとか、これから問題になるイラクのモスルのことを考えても、結局は、ガバナンスの構築の失敗なのです。軍事的にある程度決着がついても、その後どうするかという話。これが失敗続きなのです。ガバナンスの失敗は、数年とか短いスパンでは見えないから始末が悪い。大体一〇年ぐらいたたないと見えてこない。

これをどうするかということなのですね。
一〇年というスパンで考えると、アメリカ大統領が再選されても八年で、それを超える問題であることが問題なのです。大統領は自分の任期の間に戦争の成果を挙げないとだめ。結局、軍事面で象徴的な戦果を求めることに落ち着いてしまう。一〇年を超える目を持って見ない限り、対テロ戦には勝てないと結論付けてもいいいと思うのです。それをどうするかという話ですよね、アメリカ以外の我々が。
それと、ガバナンス構築の問題では、紛争の当事者になったアクターはやりにくいのです。アメリカやNATO諸国というのは。
柳澤　それは恨みも買っていますしね。
伊勢﨑　そうそう。だから、紛争の当事者にならない日本が、紛争の当事者にできないことをやる。これは、究極の対米協力でもあると思うのですが、今の日本の政府では無理でしょうね。民主党政権の時もできませんでしたが……。
柳澤　ですよね。
伊勢﨑　でも、そういう国がないと、対テロ戦には勝てない。
柳澤　ええ、だから、本当にテロの温床を何とかしたい、そのために破綻国家を何とかしたいということであれば、戦争で武装勢力を一掃するというまでのフェーズと、その後のフェーズがあるということですよね、ポイントはね。どっちに関わりを持つかということが一つ。

伊勢﨑　両方に関わるとやりにくいですよね。すごくやりにくい。

加藤　あとのフェーズにおけるグッド・ガバナンスは一体何なのかということが問題です。我々が前提としているのは、要するに、西欧的な民主主義体制なのです。でも、さっきも言ったように中田考さんは、維持可能なグッド・ガバナンスとはイスラム共同体であり、カリフ制だと言っています。秩序の原点がまったく違う。中国は中国で、中国型の民主化があるという。それは我々から言うと専制政治です。専制による秩序の形成、これが中国にとってのグッド・ガバナンスなんです。グッド・ガバナンスの意味が違ってきている。

柳澤　イラクのことを考えても、シーア派とスンニ派の間の和解がないまま、民主主義だからと言って多数決で政府を選んだら、シーア派が政権を取るに決まっているわけです。そうしてスンニ派をやっつけようとするわけですよ。だから、カリフ制かどうかという問題じゃなくても、多数決の民主主義が何の解決にもならないという側面は確かにあるんです。

伊勢﨑　加藤さんとそこだけがちょっと微妙に違うんです。政治理念、ガバナンスの理念の話は重要だと思うのです。だけど、ボトムライン（最低線）はやっぱり民衆なのですよ、民衆の生活。国民がみんな貧しいかもしれませんけれど、不当な格差があるかないかが重要なのです。さもないと、それが個人・集団のアイデンティティーのグリーバンスに発展し、過激な理念に帰依してしまう。テロの呼び水になっちゃうわけです。結局、「公平さ」なんです。それに尽きると思います。どんな政治理念があろうと。

加藤　すべての政治理念はみんな同じなのです。社会の平和と安定、民心の安寧とか、秩序の形成という意味ではみんな同じ。そのために政治制度をどうするかという問題が、それぞれの秩序で違ってきている。だから、政治制度の争いになってくる。民主主義体制がうまくいっているかといったら、そんなことないだろう、カリフ制のほうがいいだろう、中国的専制がいいだろうと言っている人たちもいるわけです。

伊勢崎　その通りで、日本の立ち位置としては、民主主義体制だから支援する、とかではなくて、それが共産政権であろうと独裁政権であろうと、とにかく、その体制下で、特定のアイデンティティーが不当に扱われているか否か、それだけを政府開発援助（ＯＤＡ）その他の援助の条件にするべきです。アメリカに合わせるのではなくて。対イランや、民主化前の対ミャンマーなど、日本が独自性を発揮した良い例があるのですから。

占領者にならない対テロ戦協力

加藤　それに反対するものでも何でもないのです。けれども、先ほど紹介したアフガニスタンのアマヌッラ国王は、近代化つまり西洋化をやり過ぎたのです。男女平等の観点から、女性の全身を覆うブルカを取れとか、女性に対する識字教育を徹底して行うとか、今のアフガン政権と同じことをやったのです。そしたら、タリバンみたいなイスラム原理主義者が出てきて、開明王と呼ばれたアマヌッラ国王が殺されたのです。それで、近代化、西洋化がストップした。

伊勢﨑　脱・過激化というのは、そういうことなのですね。その目的の「内政干渉」は多いにするべきなのです。援助の条件として。

加藤　私、絶対にそれは賛成なのです。だからこそ、自衛隊ではなくて、民間の九条部隊を紛争地に出せと言っているのです。道路をつくったり、橋を架けたり、医療を施したりするのは、自衛隊なんかより民間のほうが優れているのですから、退職した技術者ＯＢが九条部隊として行くべきなのです。

柳澤　ただ、それはボランティアでやったのでは限界があるので、国としての方針にどうまとめるかです。国の政策としてやらないとだめだろうね。

加藤　アフガニスタンの各州では、その再建事業をやると言って、ＮＡＴＯ諸国によるＰＲＴ

（プロビンシャル・リコンストラクション・チーム：地方復興チーム）が活動していますよね。アメリカのPRTの中には、アメリカの国務省が雇った民間人も入っているのですよね。

伊勢﨑　PRTのコンセプト自体は、あくまでも民生支援が主体で、それに国際部隊を付随させて、発展途上のアフガン国軍、警察の覇権が及ばない僻地《へきち》に現政権の威光、つまりグッド・ガバナンスを届ける。これだったのですね。一つのPRTは国別につくられて、アメリカPRTとか、イギリスPRTとか、カナダPRTとか。ベルギーとかの小国は、小隊をそれらの中に派遣するものもありました。

ガバナンス支援と言っても、実態はほとんど軍事チームになってしまいましたね。PRTはその軍の指揮官がトップという構造です。でもその中でも、激戦区カンダハールを管轄したカナダは、PRTの代表を軍指揮官ではなく、文民、つまりシビリアン・コントロールにしました。そして、PRTの予算についても、カナダ政府は、恣意的に、軍事予算ではなくて、外務省の国際協力予算の下に統制する仕組みでやった。軍政じゃなく民政に見せる、そういう工夫もやっていたのです。でも、結果、みんな失敗しました。

加藤　みんな失敗したのか。それじゃ、PRTはうまくいかないな。

伊勢﨑　だって、二〇〇五年頃から、この戦争、何かがおかしい、とアメリカの同盟国はみんな思い始めたのです。集団的自衛権でアメリカと一緒に来たけれど、アメリカのやり方だめじゃない？　と。だから、それぞれが試行錯誤しだしたのです。

加藤　カナダはもう人間の安全保障を錦の御旗《みはた》にしているから、日本だって同じようにやったっていいのではないか。日本はカナダと違ってアフガンの戦場に自衛隊を送っているわけではないから、独自の役割が果たせるのじゃないですか。

伊勢﨑　そうなのですよね、実はね。

柳澤　これでいいという答えはなかなか見付からないけれど、そういう方向でやれることを見付けて、地道にやるしかないということですか。とりあえずのまとめとしては。

伊勢﨑　アメリカが敵を倒しても、その地の再構築に失敗すると、また敵が復活する。もっと複雑な形で。これが、対テロ戦なのですが、「勝者」がそれをやるから失敗する。「占領者」に見えてしまうのですね。グッド・ガバナンスの構築とは、つまるところ、良い傀儡《かいらい》政権をつくることです。占領者だと、傀儡政権から絶対にその足元を見られる。腐敗をなくせとか、特定の民族を不当に扱うなとか、強く言えないのですね。足元を見られているから。だからこそ、占領者じゃないアクターが重要なのです。

占領者にならない対テロ戦協力。これは、国際協力の手法として捉えるとお花畑なイメージしか持たれないのですが、僕は、これは日本の国防の問題であると思います。すでに何回も言及しましたが、対中国でアメリカの気を引くために中東、中央アジア、北アフリカくんだりまでフラフラ行って軍事力を見せびらかすことによって跳ね返ってくる「アメリカのかわりに狙われる」日本の国防上のリスクです。

占領者にならない対テロ戦協力とは、翻って日本の国防戦略なのです。

第四章　北朝鮮への対応と核抑止力の行方

アメリカの核の傘は効いていない

柳澤　次は、北朝鮮問題をどう扱うかということです。それに関連して核問題、核抑止の話も取り上げたいと思います。

冷戦の時代は核抑止が効いているという一種の実感があったと思います。米ソがどんどんお互いに核戦力を増やし、それを更に高性能化していくという流れの中で、しかし、核が一度も使われないという現実があり、お互いに使わないという暗黙の合意のようなものもあった。それは今でも多分、五大国の間では引き続き維持されているのだろうと思います。

北朝鮮が核を保有していますが、アメリカに届くまでの能力を獲得するにはまだ何年もかかるでしょう。結局、北朝鮮の核というのは、アメリカに対するいわゆる最小限抑止と言われる性格を持っています。北朝鮮に対する攻撃があったならば、西海岸の町を一つ壊滅させるぞ、それでもいいならやってみろというものです。そういう脅しによってアメリカの攻撃を抑止しようという意図から開発されているのが北朝鮮の核であり、だからすぐに日本に飛んでくるというような類いの脅威ではないと私は思っています。

ただそうすると、仮にアメリカが脅しに屈する形で北朝鮮に対する攻撃を躊躇《ちゅうちょ》するとした場合に、それって一体何なのだということになる。今まで最小限抑止が成功したことが証明された例はないとは思うのですけれども、それが現実になった場合、アメリカの核の傘はもう意味をなさなくなってきているということにならざるを得ない。北朝鮮の場合もそうですが、中国との戦争がエスカレートしていく中でも——これは最小限抑止ではないでしょうが——、同じような議論ができるとは思うのです。アメリカの核の傘をどう見たらいいのかから入りましょう。

加藤　核の傘が効いているかどうかと問われれば、結論から言うと効いていないということです。それはなぜかというと、一九九六年に国際司法裁判所が核兵器の使用をめぐって勧告的意見を出したことがありましたが、そこから導き出されるからです。

この勧告的意見は、一九九四年に国連総会が決議した「核兵器による威嚇又はその使用は国際法の下のいかなる状況においても許されるか」という諮問に対するものです。裁判所は、

「核兵器の威嚇または使用は武力紛争に適用される国際法の規則、特に国際人道法上の原則・規則に一般的には違反するであろう」と、一般的には核兵器の使用を違法だとしました。しかし、続けて「国際法の現状や裁判所が確認した事実に照らすと、国家の存亡そのものが危険にさらされるような、自衛の極端な状況における、核兵器の威嚇または使用が合法であるか違法であるかについて裁判所は最終的な結論を下すことができない」と一部判断を留保しました。

ということは、アメリカの核使用は一般的には違法だし、裁判所が結論を出せないという極端な事態というのも、アメリカ国家の存亡が危険にさらされている場合だけだということです。日本が攻撃をされるとか、核によって恫喝《どうかつ》を受けている時に、アメリカがかわって核兵器を使用することは、明白に違法なのです。

柳澤　そうですね。

加藤　現状では、日本の国家の存亡が危険にさらされるとしても、アメリカにとってはそうでないのです。

柳澤　それがアメリカの核使用の違法性をなくすわけではないということですね。

加藤　ということになれば、日本のために核兵器を使用したアメリカの大統領は、その実効性はともかくも、下手をすれば「人道に対する犯罪」で国際刑事裁判所に訴えられる可能性さえあるのではないでしょうか。

柳澤　つまり、新安保法制がつくり上げた日本にとっての存立危機事態はアメリカの存立危機事態じゃないということなのですね。

加藤　どう転んだって核の傘に合法性はありません。どう考えても核の傘は破れているのです。というよりも、ない、と言いきってもいいです。それをみんななぜ議論しないのかよく分からないのですが。

　核をめぐる状況は、冷戦時代と明らかに変わってきています。核の倫理の問題が冷戦後にものすごく厳しくなっている。核の使用が倫理的に厳しくなってきている状況の中で、他国に対する拡大抑止というのは、日本であれどこであれ、もう存在しないと思ったほうがいいと思います。

柳澤　私もそう見るほうが自然だと思います。だから、現在のアメリカは核の先制使用という方針を崩していませんが、仮に核兵器をそれぞれが持ち続けるとしても、必然的に先制不使用にならざるを得ないのです。合法性の観点から言うと。

インドとパキスタンの関係に見る地域限定の核の抑止力

伊勢﨑　核の問題に関して僕が言えるのは、ＮＰＴ（核不拡散条約）体制の枠外で核保有した二つの国、インドとパキスタンのことです。

両国が核を保有した時点で、いわゆる通常戦がなくなったと言われています。印パ（インド・パキスタン）戦争が抑止されていると。でも、実はカルギル紛争（一九九九年）というのがあり、両軍数百人が死んでいるのですが、両国は、あれを「戦争」としていない。核が「戦争」へのエスカレートを抑止した、と……。

印パ「戦争」は、もうないのかと言われると、そうではなく、主戦場であり続けたカシミールでは、停戦ライン越しに「戦闘」が継続しています。ナレンドラ・モディ政権になってから、規模が大きくなっていて、昨年（二〇一六年九月）も、パキスタン側からのイスラム過激派によるテロ攻撃――インドは常にパキスタン軍が裏で関与していることを前提にしてきましたがパキスタン政府は関与を否定しています――によってインド兵一七名が犠牲になり、その報復としてインド軍がパキスタン側の敵の拠点を、近年では初めて停戦ラインを越えて、「サージカル・ストライク（局地攻撃）」をした。こうインド政府は発表したのです。

インドは、日本の比ではなく、民放メディアが非常に発達しています。「局地攻撃」の後は、「侵攻」ではなく、両軍は停戦ライン越しに砲撃し合ったのですが、インドメディアは、もう、連日、局地攻撃の効果は？　次はどこを？　パキスタン側の報復は？　報復されたら次はどこを？　とか、インド国民を異常に盛り上げたのですね。準戦闘服みたいな格好で軍事評論家として有名になった民放テレビのキャスターもいて、国民全体が戦時の興奮を〝楽しんだ〟感もあります。

ところがです。その「局地攻撃」とやらが本当にされたのか？　パキスタン政府はそんな形跡はないと公式発表するし、国連印パ停戦監視団も同様でした。パキスタンメディアが、インド政府が発表した緯度経度を辿って現地に行って実況中継しても何もない。つまり、パキスタン側に足を踏み入れることができないインドメディアが独りで盛り上げたのですね。

何で、インド政府は「局地攻撃」をやったと「うそ」をついたのか。

ヒンドゥー至上主義のウルトラ保守で成り上がったモディ政権ですから、報復をハデにやらないと有権者も気が済まない。インドは、インド国軍一三五万人のうち五〇万人の兵を、通常戦のガチンコの場であるカシミールに集中させているのです。ハデにやらなかったら、この出費を正当化できない。

そもそも、もはやインドにとって、パキスタンは通常戦力における敵ではないのです。国力においても格差は歴然で、インドは今や世界に名だたるスーパー・パワーです。アメリカは、その最新式の空母の電磁カタパルトをインドに供与すると決定しました。フランスの空母シャルル・ドゴール以外では初めてです。アメリカがアジアの秩序と覇権の維持のため最も重視しているのはインドなのです。大国インドの照準は、明確に、中国です。

でも、中国とは、経済協力、投資も進んでいるし、必要なのはハイテクによる抑止です。でも、ドンパチやるハデさがない。インドにとって、仇敵《きゅうてき》パキスタンの脅威は、核とテロ支援だけです。通常戦力ではありません。でも、インド政府にとってはパキスタンの存在が必要なのです。ナショナリズムの高揚のために。これが、インド政府が、インドメディアの確認不可能な「局地攻撃」をでっち上げた理由です。

このように、核保有国インドとパキスタンの間では、カシミールという戦場は、ここでナショナリズムの発露に最適な陸戦を〝適当に〟やっていれば、両軍それぞれの国でのそれぞれの既得利権が維持できる。この〝安心感〟は、核の抑止によって維持されている。つまり、カシミールのような僻地での通常戦が段階的に発展し、最終的に核を使うという事態は生じない。なぜなら、国境付近の戦闘が拡大し首都に至るまでというのは時間がかかるわけで、その間に核抑止が効いて、和平交渉も模索されるだろうという安心感があるわけです。核抑止というのはそういうものでしょう。

通常戦の末の核使用というシナリオに現実味はない

伊勢﨑　でも、一つ例外があるわけです。二〇〇一年一二月のことですが、インドの首都、ニューデリーで、国会開催中の国会議事堂が、パキスタンに拠点を置くイスラム過激組織のテロ攻撃を受け多数の犠牲者を出した時です。この後、カシミールなどの前線で両軍の軍事衝突も激しくなるのですが、その時は本当に全世界が緊張しました。インドのバジパイ首相は「インドの核の先制使用はあり得ない」としながらも、パキスタンのムシャラフ大統領は「核使用もやむなし」の姿勢を表明し続けたからです。パキスタンの首都、イスラマバードでは欧米諸国の大使館はどこも撤退しました。9・11の直後ですから、本当に核戦争を心配したのです。だから当時、ロシアのプーチン大統領やアメリカのアーミテージ国務副長官が、本気で仲裁に入ったのです。

核のボタンが押されることを心配しなきゃいけないのは、首都や大都市がいきなり攻撃された場合のみです。そういう攻撃は、もうテロしかあり得ない、ということです。通常戦を発端にエスカレートした末の核使用というシナリオに蓋然性はありません。この考え方でいくと、翻って日本にとってアメリカの核の傘というのはあまり意味がないです。あまりというか、全然意味がない。

柳澤　アメリカが先制不使用という方針を採用しない発想の裏にあるのは、アメリカが核戦力で絶対的に優勢だからですよね。優勢な側が不使用を宣言したら、劣勢な側とある意味で対等になって、自分の優位が発揮できないという信じ込みがあると思うのです。先制不使用は北朝鮮でさえ言っていて、つまり、核戦力において弱い側が言っているわけです。だからこそ、アメリカが同じことを言えば、核軍縮がかなり現実性を帯びてくるようにも思うのです。

通常戦、通常兵器の戦争が高じて核戦争になるというのは、冷戦時代のシナリオでした。NATO正面でソ連とワルシャワ条約機構が圧倒的な火力、通常戦力を持って西ドイツに侵入してくる、それを防ぐためには核しかないのだということでした。核は通常兵器の劣勢を補うための兵器と考えられていた部分があって、核を使うと相手も核報復してくるというので、だんだん相手の都市を狙うようなことになり、核抑止のエスカレーション・ラダー——はしごを登るようにひょいひょいと規模が拡大していくということですが——、それがどんどん積み重なっていったわけです。今、伊勢崎さんがおっしゃった印パの事例のように、現実に対立していて、対立要因がある国同士でも、実際問題として、核使用につながるエスカレーション・ラダーというのは、どこかで途切れている感じがある。

伊勢崎　そう。ラダーではなくて、突発的に国の中枢が狙われる、というようなものに対してですね。そして、それをやる主体は、今では国家ではなく非国家主体。あるいはそれは特定の国家が支援する組織かもしれないですけれど。ここで言う国の中枢とは、戦時国際法・国際人道法で攻撃が禁止されている原子力施設も入ります。これが攻撃されたら、一番先に逃げるのは在日米軍でしょう。日本は、完全に、軍事的に孤立するでしょうね。

戦略兵器としての核は秩序を担保するための一つのツールにすぎない

柳澤　だから、インド・パキスタン両国の核保有をまあ容認できなくはないかという、そんな部分があるわけです。地域限定の核という意味でね。道義的な問題は残るわけですが、印パの核が全世界に脅威を与えているという意識は、誰もあまり感じていないと思います。

だから翻って、北朝鮮や中国をめぐるシナリオのことを考えなければなりません。アメリカが通常兵器で北朝鮮を攻撃してくる、それを防ぐために北朝鮮が核を使用するというシナリオは、使用する主体は違っても、冷戦時代のＮＡＴＯの構想と似た部分があり、そういう意味では通常兵器と核が北朝鮮においてはつながっているのだろうと思います。しかし、中国とアメリカとの関係において、南シナ海で問題がこじれて、あるいは尖閣でこじれてアメリカの空母が攻撃されたとして、アメリカは核で北京《ペキン》を撃つだろうか。そんなことはしないだろう。

伊勢﨑　それは、もう、はっきり、蓋然性に存在しない、と言いきるべきですね。

柳澤　みんな、アメリカはやらないと思っているのです。ところが、それは一体なぜなのですか、そうだったら日本はどうするのですかというところを、誰も議論しようとしないんです。

政府の「防衛計画の大綱」でも、大規模な戦争は起こる可能性は低いと言っているし、核についてはアメリカの抑止力に期待する程度のことしか書いていない。核を使う蓋然性が低いという分析が当たり前だとすると、アメリカは中国相手に本気で向かわないことになるわけですから、日本の防衛構想もがらっと変わってくる可能性もあるのです。アメリカは今、核と同等の威力を持つ通常兵器に開発の重点をシフトさせているけれども、通常兵器で核を使ったのと同様の壊滅的な打撃を相手に与えるような戦争をするのだろうか。絶対にないとは言えないのだろうけれど。

いずれにせよ、冷戦が終わって、何が脅かされているか、どんな国益がかかる戦争が想定されるのかが見えないのです。冷戦時代とは違うという気がしてしようがないのです。

加藤　実はアメリカも今、あまり明確な核戦略を持っていないのではないでしょうか。最初に打ち出した大量報復戦略がうまくいかなくて、柔軟反応戦略だというので、通常兵器と組み合わせる形で核戦略は組み立てられていった。そして現在、戦術核兵器はほぼ廃棄され、核兵器は戦略的な役割しか持たなくなってしまった。北朝鮮の核兵器に関連して、柳澤さんは先ほどNATOとよく似ているとおっしゃったのですけれども、北朝鮮の核兵器は、攻撃してくるアメリカの通常戦力、韓国の通常戦力を狙うためのカウンター・フォースの戦力ではないですよね。

柳澤　そうですね。

加藤　非軍事目標の大量破壊を狙うというカウンター・バリュー型なんですね。

柳澤　そうか。そこではNATOと似ていないんだ。

加藤　戦略兵器としての核とは一体何かということが大事です。現在の国際秩序は力の体系です。だから、力を均衡させることによってすべての秩序が維持されているとされ、核戦力もその秩序維持のためのものです。

だから使えないぞと言ってしまったら力の意味はないけれども、使ってしまったらすべての秩序が破壊されるので、これも意味がない。よく言われるように、ただあること、存在することがすべてだ、そういう裏付けとしてだけ核兵器があるという気がします。古典的なというか、昔のように拡大抑止がどうのとか、戦争になったら核兵器が使われてという話ではなくて、あくまでも、今の力によって支えられている秩序を担保するための一つのツールにすぎないのではないでしょうか。

国家間の秩序は核兵器で維持できるが民族紛争、非国家主体には無効

柳澤　しかも、実際に使わないものであるとすれば、それは店頭に並べる必要はないわけですよね。棚卸資産みたいなもので、とにかくバランスシートに計上されていることに意味があるわけで、どこか倉庫にあったなというだけでいいという話になるわけでしょう、突き詰めて言えば。

加藤　だから、キッシンジャーも五〇発ぐらいでいいと言っているわけです。今の力の体系を維持するためにあればいいということなら、そんなにたくさんの数は必要ない。ほぼ何発か撃ってしまえば、相手が全滅して更地になるのに、その後に核弾頭を撃ち込んでも無意味ですから。相手を一度だけ破壊するだけの力があればもうそれでいいわけです。それが五〇発というのですから、そのぐらいにまではおそらく下げられるのではないかという気はします。じゃあ、完全になくすことができるかというと、現在のような力の体系というものがなくならない限り、おそらくだめだろうとは思うのですけれど。

柳澤　核保有国がみんなで一斉になくすという発想はどうなのですか。難しいかどうかは別と

して、核兵器がなくなってしまえば、今度は通常兵器の大軍拡競争になるみたいな話があるけれど。

加藤　核兵器が完全にもう無用の長物になった時に、つくり方も原材料も何も要らないということになれば、おそらく忘れ去られてしまうでしょうけれども。

柳澤　だから、もともとそうなのですね。誕生の歴史から見ても、通常兵器でのインバランスを帳消しにするための核がひとり歩きをして、非軍事目標を大量破壊するカウンター・バリューになってしまうと、もう通常兵器の代替ではないので、カウンター・バリューとしての帳簿上のバランスシートの問題になってくるわけですね。そうすると、通常兵器で同じ効果を持つ破壊力を維持しなければいけないという、そういう論理とは違うということですよね。

加藤　兵器の発達から言うと、核兵器を持って、物を破壊する、人を殺傷するという兵器の発展はもう終わりなのです。これ以上の発展はありません。

そうして今、逆向きの兵器の発展が起こっているのですね。それは何かというと、少量破壊の兵器ですよね。どんどん少量破壊のほうに向かっていって、極限になっているのが無破壊のサイバー戦。

柳澤　はい。ノンリーサル（非致死性兵器）という。

加藤　ええ。実は私、そういう世界になって、核兵器が無用の長物になるかなと思っていたのです。実際、兵器体系の中で核は確かにもはや無用の長物なのです。使いようがないのですが、依然として国際秩序が力によって支えられている体系なものですから、どうしても力の担保としての核兵器というものが必要になってくる。こういう力の体系を変えようという新しい政治思想が出てきて、普遍的なものになっていけば、おそらく核兵器はなくなっていくだろうと思います。

柳澤　依然として、その限りでは、通常兵器による戦争が拡大するのを防ぐという役割はあるということでしょうか。

加藤　少なくとも国家間の戦争を抑止する力はあると思います。というよりも、国家間の秩序は核兵器で維持できるのです。それは繰り返し述べているように、国家間体制の中でつくり上げられた西洋国際秩序を維持するための力として、核兵器が作用しているからです。

しかし、それ以外のところはだめです。民族紛争のようなことになってきたら、西洋国際秩序の維持とは何の関係もありませんから、力の体系を支える核兵器は何の意味もない。

柳澤　そう。だから、むしろ拡散を防ぐための手だてのほうが今、重要になっているということですね。

加藤　拡散も水平拡散じゃなくて、いわゆる非国家主体、非主権主体に拡散していく垂直拡散のほうがはるかに深刻な問題ですね。

核兵器の保有が既知の北朝鮮にどう対処するのか

伊勢﨑　北朝鮮のことなのですが、敵核保有国と通常戦力が一時期でも拮抗《きっこう》して、それで核のボタンが押されそうになった歴史的ケースと、北朝鮮の場合は話が違いますよね。北朝鮮は、圧倒的に通常戦力で劣っているから、その通常戦力による攻撃を抑止するため、核兵器を使うという脅しをしているわけじゃないですか。戦略的な思考の中で北朝鮮がいきなりボタンを押すことはないわけですよね。

柳澤　と思います。

伊勢﨑　ですね。でも、そういうふうに想定するわけでしょう、やっぱり。

柳澤　はい。まあ、政府はそれを想定して、ミサイル防衛システムを構築しているのですが。

伊勢﨑　それは何なのですか。そうしないと、こういう戦略的なゲームに生きている人たちは存在意義がないから、そうするのですか。

加藤　存在意義というよりも、それは国際政治で言うネバー・セイ・ネバーですよ。「絶対ないということはない」という発想です。安全保障というのは、最終的には最悪の事態を想定しながら戦略を立てますから、北朝鮮が核兵器を撃たないだろうという発想で戦略を立てることは絶対にない。ただ、逆に撃つだろうというシナリオが現実を反映しているかといったら、ほとんどそれはもうゲームの世界になってくるのです。

伊勢﨑　だけど、見過ごしているネバーもあるじゃないですか。非国家主体の敵が、国の中枢を狙うという。例えば、原発のセキュリティー対策です。構造がそれぞれの施設で複雑な、特に商業原発の個々にエンベッド（組み入れ）した警備体制を敷くのは、すでにアメリカでは当たり前のことです。日本の警察の中央に特殊部隊をつくれば済むという話じゃない。

加藤　戦略というのは、撃ったらどう対応するかというところからゲームが始まっていくんです。撃つという前提がどうなっているかという話はしないのです。一方、我々が今議論しているのは、撃つという前提はどうなのだということですよね。

柳澤　そうですね。ただ、前提抜きの議論は国民意識にも影響を及ぼしていて、イラク戦争の時の、サダム・フセインが大量破壊兵器を持っているという話もそうでした。イラクに軍隊を侵攻させようとする段階において、軍として一番怖いのは大量破壊兵器が撃たれることなので、それがあるのだったら備えなければならない。その段階で、それはあるのかないのかと聞かれても、情報機関は「ないとは言えない」となる。まさに、ネバー・セイ・ネバーなのですよ。そうすると、軍は大量破壊兵器があることを前提に防御を考えていく。そういうことをやっているうちに、「ほら見ろ、やっぱりあるはずだ」という認識が空気のようにでき上がっちゃう。

伊勢﨑 兵器が存在するというための証拠を捏造《ねつぞう》することも始まるわけですね。

柳澤 そうそう。だから、そうでないものもそのように見えちゃうというね。

加藤 イラクの場合は一九七〇年代からフランスの支援を受けて核兵器に必要なプルトニウムを製造する原子炉の開発をやっていました。このオシラク原子炉をイスラエルが破壊して、それで終わったのかと思ったら、八〇年代、湾岸危機の時に明らかになったのが、イラクが新たに濃縮ウラン型の原爆開発をやっていたことです。湾岸戦争で全部破壊したはずなのだけれども確証がないというので、その後国連が査察を開始し、最終的にUNMOVIC（国際連合監視検証査察委員会：United Nations Monitoring Verification and Inspection Commission）も査察に入ったのです。

イラクの大量破壊兵器問題というのは、核兵器下における自衛戦争という問題を突き付けたと思うのです。どういうことかというと、昔、「克服し得ない無知」という国際法の概念がありました。一六世紀、一七世紀ぐらいの情報ツールがあまりない時代に、相手の国がどれだけの軍事力を持っているか分からない。その頃は、分からない場合——克服し得ない無知というのはそういうことです——、それを理由に先制攻撃をして良かったのです。このロジックで先制自衛が認められたんです。ところが、そういうことをやっていると、当然のことながら戦争が絶えない。だから、克服し得ない無知に従って先制攻撃による自衛戦争はやめましょうということになったのです。

核兵器の時代において克服し得ない無知を理由に先制攻撃による自衛戦争を否定できるか。イラク戦争では、この問題が問われたのです。一発食らったら終わりだという危機感の中では、だったら先制攻撃だという話になってくるわけですよね。それが違法か合法かという話になると、国際法の学者の八割から九割は、それでも違法だと言ったのです。でも、逆に一〇パーセントぐらいは、分からない、合法かもしれないと言った。別に私はアメリカを正当化するつもりはないのですけれども。

伊勢﨑　そこでアメリカが捏造する。フセイン政権がアルカイダとつるんでいるという話を。

加藤　捏造かどうかは分かりませんけれども、少なくともＵＮＭＯＶＩＣの提供した査察資料でもって、アメリカ大統領が国連を信頼して、「だから、ない」とは国民に絶対に言えない。

万が一イラクが核兵器を持っていた時に、国連の事務総長が「責任取ります」と言っても、アメリカには何の意味もないですから。もう一つは間違いなくネオコン（Neo Conservatism：力の外交と民主化の推進などアメリカの使命感に力点を置く新保守主義）なのですよ。ネオコンがどうしてもフセイン政権を倒して民主化したいと、そういう思いがずっと高まっていって、最終的に……。

柳澤　そうそう。だから、大量破壊兵器は後付けなのですよ。大量破壊兵器が見付からなくても、とにかくサダム・フセインをやっつけたのが良かったみたいな話になってしまう。

加藤　それはまったく無意味な説明ですよね。一方、核兵器下における自衛戦争の話はあまり議論されなかった。

柳澤　例のブッシュ・ドクトリンの話ですね。二〇〇二年九月に出されましたが、キノコ雲が現れてからでは遅いのだという議論です。やっていないという確かな証拠がなければ、むしろプリエンプション（先制）が許されるという議論でしょう？

伊勢崎　北朝鮮でもそれと同じロジックが使われる可能性があるわけですね。イラクのような砂漠のだだっ広いところではなくて、韓国とも近く、密集したところですから、もっと切実感を持ってそういうシナリオがつくられて、現実になるかもしれない。

柳澤　だから、それは「やるなら今」なんです。克服し得ない無知どころか、北朝鮮が核を持っているのは、すでに「既知」になっている。どこでつくっているかも分かっているから、「たたくなら今」ということになるのです。アメリカが危機感を持ってたたくとすれば、イラク戦争よりはるかに法的な説明はしやすいと思います。ただ、やはり全部をきれいに破壊することはできないし、体制が崩壊されても困るというような事情があって、それもできない。

北朝鮮最大の目標は自分の体制の生き残り

伊勢﨑　在韓米軍もいるし在日米軍もいるし、あそこで核爆発が起こるのと、イラクあたりで起こるのとではやっぱり違うという話ですか。

柳澤　あの体制が崩壊したり、あそこで戦争が起きると一番迷惑をこうむる同盟国がいるということと、同時に中国がすぐ目の前にいるからでしょうね。

伊勢﨑　戦争のおそれもないということですね。ということは、抑止されているということでしょうか。

柳澤　それを抑止と呼ぶかどうかは別でしょう。むしろアメリカはアメリカなりの計算の上に、何もしないという方針でずっとやってきた。そうすると、ちょうどネグレクトされた子供がついに究極の悪事に手を染めちゃうような状態になっているというのが、今の北朝鮮を説明するのに適切ではないでしょうか。

伊勢崎　北朝鮮が絶対核のボタンを押すはずがないというロジックは固められるのですか。

柳澤　押すはずがないというのは、どうなんだろう。アメリカは多分、一つであっても都市が核攻撃を受けることに耐えられない。しかし、一発なら、大気圏に再突入したのをTHAADミサイル（終末高高度防衛ミサイル）で撃ち落とすことも含め、いろんなシナリオはあるのです。ただ、軍事合理的に考えれば、そうなる前に北朝鮮をやっつけるということになる。

伊勢崎　でも、通常戦力で攻めていったら、北朝鮮がボタンを押す可能性は増えていきますよね。

柳澤　そこはどうでしょう。北朝鮮はそう言っているわけですが。

伊勢崎　それは納得できるでしょう。だって、通常戦力の劣勢を補うためのものなのだから。

柳澤　劣勢は補えないけれども、そのかわり刺し違えるという脅しですよね。

伊勢崎　刺し違える。

柳澤　ただ、北朝鮮の最大の目標は自分の体制の生き残りですから、自分の体制が確実に滅ぼされるようなきっかけをつくらないという意味では、多少通常兵器で攻められた程度でボタンは押さないと私は思います。

伊勢﨑　そうすると、今の体制を何とか維持させてあげることが抑止になるわけでしょう。

柳澤　そうそう。報償的抑止ですよね。

伊勢﨑　報償的抑止、ですね。北朝鮮の人民には申しわけないのだけど、そういう話ですよね。我々の安全のためにはそれが一番なわけでしょう。報償的抑止というのは、デタレンス・バイ・コンペンセーション、専門用語ですね。

加藤　そうです。その逆が懲罰的抑止。ただ、北朝鮮の場合は報償的抑止をしたのはいいが、報償を与え過ぎたという側面もあります。核兵器を開発しないから、かわりに軽水炉を建設してあげるということだったのに、それを反古《ほご》にして開発してきたということですから。

伊勢﨑　報償的抑止の危険性はありますよね。それなりの悪政が続いているわけですし。それでもいつか内側から崩壊することがあり得るわけですね。

柳澤　それは向こうの勝手と言うしかない。

伊勢﨑　そしたらまた、核が誰の手に渡るのかという話になっちゃう。ソ連崩壊後に一番心配されたのはそれでしょう？

柳澤　ただ、北朝鮮が崩壊した後、破綻国家になるわけですが、あそこにいる連中が日本や韓国に対する大量虐殺テロをたくらむ動機を持つかというと、それはないと思うんです。むしろ食い物を早くくれというのが彼らの本音であって。

伊勢﨑　だけど、もし崩壊して、誰かが統治に来たらいいけれども、混乱の中で核物質が拡散するという心配が現実のものになる可能性はある。ソ連の崩壊でも心配されましたが。

柳澤　その心配はあります。

伊勢﨑　ちゃんとした占領統治ができればいいのでしょうが。

柳澤　ただ、北朝鮮の場合は、周りを固めて中朝国境を閉鎖すれば、実質的に封じ込めることは可能だと思います。まさにそれは新安保法制で言うところの重要影響事態でしょうし、大兵力が必要になってくるでしょうけれど。

伊勢﨑　だから、アメリカも手を出さないのでしょうね。

柳澤　自分の準備が整わないうちに崩壊されては困るのです。

伊勢﨑　当面は報償的抑止しかないということですね。

柳澤　ややこしい相手だけど、アメと鞭の両方が必要だという、常識的な結論しかないんでしょうね。

日本の核武装は現実的か

伊勢﨑　トランプが言う日本核武装という話はどうなんですか。

加藤　日本が核兵器をつくれるかという問題もありますが、もう一つ、戦略的な問題で言えば、地上発射にしてしまったのでは何の意味もないので、それをどうするかという問題も大きいと思います。そうすると、原子力潜水艦から撃つ核戦略システムをつくらないといけないのです。通常型の戦略潜水艦というのは聞いたことがない。

柳澤　原子力潜水艦でないと意味がないです。潜っている時間が全然違うから。

加藤　一〇日とか二週間ぐらい潜っていて、そのたびにぽこぽこ浮き上がっていたのでは全然話にならない。でも今さら、日本は原潜をつくれない。その時点で日本核武装は非現実的だと思います。アメリカが考案したもので、地上発射型ですが、ホーストラック型（競馬場型）のミサイル発射システムはどうかと、昔私は考えたことがあるんですが。

柳澤　ぐるぐる回しておいて、どこにあるか分からなくするということでしょう。

加藤　そうそう。山手線ぐらいの大きさの線路を地下に掘って、一日二四時間、三六五日走らせて、ある日ある場所から突然ぱかっと発射口を開けて発射させるというものです。

伊勢﨑　それ、パキスタンが普通のトラックに偽装させてやっているそうです。

加藤　でも、地上で走らせている限りは、それは分かりますよ、いつかは。

伊勢﨑　でも、本当かどうか分からないけど、「CIAでも核弾頭のありかは分からない」と、パキスタン三軍統合情報局（ISI）の長官は僕にそう言っていました。

柳澤　原子力潜水艦にする場合も、一隻稼働している状態を確保するには、修理とかもありますから、少なくとも三隻ないといけない。その一隻に何発積むかを考えると、現存するものでは二〇発が限度なのですが、二〇発でやっつけるべき目標がカバーできるかどうかという問題もあります。一〇〇発持たなければいけないということになると、五隻の潜水艦を稼働させなきゃいけない。そのためには一五隻から二〇隻の潜水艦をつくらなければいけないのです。そうなると、その潜水艦をどこに置くのかという問題が出てくるし、膨大なお金もかかるし、核の管理の問題も出てきます。しかも、核開発をしていることはばれるわけですから、その時に、当然日本が北朝鮮に科してきたような制裁を、今度は日本が国際社会から受けるわけです。

伊勢﨑　中国の核、北朝鮮の核の脅威があったとして、それに対して日本が核を持つということは、技術的にも、国際政治的にもフィージブル（実現可能）じゃないわけですよね。でもそうなると、だからこそアメリカの核の傘が必要だという話になってしまう。ナショナリズム的な感情論も含めて。それを抑える言説として、北朝鮮はどうか分からないけど、中国に関しては尖閣の衝突がエスカレーションしたら、最後に核を撃つというシナリオは現実離れしている、とはっきり言えますよね。

日本単独の核戦争に勝てるシナリオはない

柳澤　現実離れしているけれども、ナショナリズムというのが、理性的な議論を評さないという面もある。一方、アメリカの核が当てにならないという要素もあって、だから自前で持つという議論も出てくるわけですね。核の傘と言っても、核のボタンはアメリカが握っているわけですから、日本が撃ってほしいところに撃つとは限らないわけです。それどころか、本当に撃つか撃たないかも分からない。だから、韓国では自前の核武装論が出てきているのでしょうね。

結局、私はこう考えるのです。核戦争を考えた時に、よく護憲派に限らず、「日本には原発があるから戦争に耐えられない」と言う人がいます。けれども、中国にも原発はあるのです。だから、非常に単純な言い方をすれば、同じ数だけ一つずつ原発を潰していって、どっちが先に降参しますかという問題なのです。核を一発ずつ撃ち合いました、二発ずつ撃ち合いました、それをどんどんやっていけば、日本は五発で全滅すると言われています。国土が狭くて、海で孤立しているという意味でね。しかし中国は五発では全滅しません。だから、そういうパリティー（均衡）を考えた時に、持ちこたえられるかどうかという見通しがないと、単にやけくそになって報復したというだけの話になってしまう。それが戦略として成り立つのですかという問題です。中国との間で、「じゃ、いいよ。五発ずつ撃ち合おうぜ」という話をしたら、日本から「それは勘弁してください」ということになっちゃうわけじゃないですか。日本はそういう意味では本当に戦争できない国なのです。

一方、日本が単独で核戦争をやろうとしても、勝てるシナリオはないということになると、だからやっぱりアメリカに依存するのだということになる。しかし、中国の核弾頭保有数は今二六〇発と言われていて、アメリカに届くのが何発あるかという問題はあるけれども、全部アメリカに届くとして計算すれば、日本に五発使っているから、残り二五五発残っているわけです。これがアメリカに届けば、アメリカも全滅するでしょう。そのかわり、アメリカはまだ何千発かあるわけですから、それで中国も全滅するでしょうということです。

そこはだから、そこに至らない段階で思いとどまるかどうかということだけれど、それが意味するところは、アメリカに依存しても、戦争に負けないことが精いっぱいであって、勝つというシナリオは、いずれにしても描けませんよねということなのです。

問われているのは生き残る覚悟

加藤　核戦争の場合には、戦争に勝つということがどういうことなのか、それが問われるのですよ。生き残ることだったら、中国は……。

柳澤　生き残るかもしれない。一四億人近くもいるわけですから。

加藤　中国人民は生き残るのですよ。一方、日本は、そういう戦争をしてまで生き残る覚悟があるのか、生き残ることができるかということです。

伊勢﨑　そういう話ですね。

加藤　最後はそこまでの覚悟を持てるかどうかだと思いますよ。

柳澤　その覚悟があっての抑止力だと私は思うのですけどね。

加藤　私もそう思います。撃つなら撃ってみろということですよ。

柳澤　そう。

加藤　五発ぐらい食らっても大丈夫だという覚悟。

柳澤　つまり、抑止が抑止であるためには、相手が、日本という国はいざとなったらそういう覚悟をする国なのだということを信じさせないといけないんです。そういう日本は怖いから手を出すのはやめようぜと思うから抑止になるのでね。

伊勢崎　それは武器を持つこととあまり関係ないでしょう？

柳澤　ええ、関係ないです。

伊勢崎　ディターミネーション、国民の決意ですからね。竹槍《たけやり》でも、素手でも戦うという。

柳澤　そうです。

伊勢崎　核攻撃を頂点とするエスカレーション・ラダーがあるとして、防衛業界の理論構築はいろいろあるだろうけど、日本の地政学上の立ち位置を考えたら、そんなものは成り立たないという話が、結論ですか。

柳澤　そうそう。さっきまでは本当にアメリカの核が信用できるのかという意味で、ラダーの上のほうはもうつながってないという話をしていたわけです。同時に、仮につながっていたとして、それが日本にとってハッピーな戦略であるのか、国民がそれを覚悟できる戦略であるのかという問題が残るということです。

第五章　日米地位協定の歪《ゆが》みを正すことの意味

なぜか議論されない日米地位協定

柳澤　日米地位協定の問題は、まず伊勢崎さんから問題提起をしていただきます。

伊勢崎　この一、二年、アメリカが締結している地位協定の国際比較をやってきました。なぜこんなことを始めたかと言うと、日米間のそれへの関心からというより、アメリカの対テロ戦の黎明期にアフガニスタンに関わったからです。一三年間というアメリカ建国史上最長の戦争を戦って二〇一四年末にアメリカ・NATO軍の主力戦力を撤退せざるを得なくなった時、いわゆるアメリカの軍事占領――アフガン政府は一応ありましたが――の戦時から、アフガン軍を主力とする準平和時――依然タリバン、アルカイダ残党、そしてISとの戦いは継続していますが――へ移行したんですね。戦時の「軍事業務協定」から準平和時の「地位協定」への移行です。つまり、「主体性」の変換です。

戦時中には、アメリカ・NATO軍は、それが「主体」だということで、誤爆、一般家屋への強制捜索や拘束等々、もうひどいことをやっていたのです。それが「主体」でなくなることで、地位協定の交渉が、国を挙げて始まったわけですが、アフガン国民の関心がすごかった。そこに見えたのは「気を遣うアメリカ」でした。で、思ったのです。日本はどうなの？　と。そこから、同じく同時期にアメリカの戦場だったイラクの地位協定――二回目の交渉で決裂しましたが――、そして当のNATO加盟国同士のそれ、その中の敗戦国のドイツ、イタリア、更に二国間のものでもフィリピン、韓国との地位協定の原文をあたったのです。その結果、この問題を論じる際には、「日米地位協定を〝正常化〟する」という表現を僕は使いたいと思います。

これまでの日本の対米外交は、アメリカの機嫌を損ねないことをモットーに、全体としてはいい結果だったのでしょう。だけど、占領統治後七〇年間も日米関係は変わらず、日米地位協定を見ても、アメリカが今のように扱っている国は日本しかないという状態に、いつの間にかなってしまった。でも、日本人がそれに気付いていない。世界を見渡せば、戦後、概念としての地位協定も、アメリカの運用そして考え方も劇的に変わってきているのに、日米地位協定にはそういう変化が全然反映されず、ずっと昔のままです。

このままでいい、それで平和だったのだから、という考え方もあるでしょうけれど、今まで議論してきたように、アメリカがかなわない敵が出現したことを日本人は重く受け取るべきです。トランプ政権でアメリカはより排他的になっていき、このテロリズムという観念的な敵をより多くつくっていくでしょう。アメリカ国外の最大軍事拠点である日本の立ち位置はこのままでいいのかと思うのですね。だから、その軍事的な関係を律する地位協定を問題にせざるを得ないのです。

ところが、この日本では、右も左も地位協定の問題だけは、なぜかパンドラの箱に閉じ込めているのですね。特に奇異なのは、肝心のリベラルがこの問題を避ける。辺野古《へのこ》なり、高江《たかえ》なり、沖縄に同情するジェスチャーはあるのですけれども、なぜか地位協定の問題の核心に行かない。一足飛びに「アメリカ出ていけ」となる。

補足協定で地位協定を実質的に変更しているドイツ

伊勢崎　そういう状況に一石を投じたいということで、地位協定の国際比較をして発言をし始めたのです。その甲斐あって主要メディアにも取材を受けているのですが、彼らは、驚くほど一次資料をあたっていないのです。例えば、日本の外務省のホームページには、「ドイツは、同協定（前記補足協定）に従い、ほとんど全ての米軍人による事件につき第一次裁判権を放棄しています」とあります（http://www.mofa.go.jp/mofaj/area/usa/sfa/rem_03.html）。これは、許しがたいミスリードなのです。事実はまったくこの逆で、強盗、レイプや殺人については、ドイツの裁判権で裁くと明確に書いています（一九九八年NATOドイツ補足協定第一九条二項）。この一次資料を見せると、「へー」と驚く。日本の大手新聞社は、英語の文献を読まないのですね。

柳澤　補足協定のことは分かりましたが、そういうものを除いたオリジナルの地位協定はそんなに変わっていないのですか。

伊勢﨑　NATO諸国全体に適用される「NATO軍地位協定」はそうですね。各国ごとの補足協定という形で変わっている。

柳澤　外務省は「NATO軍地位協定」は変わっていないから、日米地位協定も変えられないと、盛んに言うわけですね。みんな同じようにやっているから、地位協定本文はいじれなくて、だから運用の改善でやるのですよと言っている。ところが、ドイツなどは補足協定という形で、オリジナルの地位協定を実質的に変更してきているわけですね。

伊勢﨑　そうです。運用改善じゃないのです。補足協定も含めて「改定」なのです。アメリカが締結している地位協定を比較調査すると、それらの「改定」の歴史とは、まさに「〝平和時〟の異国に軍を駐留させるという、受入国にとって異常な状況をアメリカ自身が認識する中で、国益の保護と、国の命で赴かされる米兵が異国の法で裁かれるのをいかに阻止するか」の試行錯誤だったということが分かります。

ですから、「平和時の駐留」を強いるアメリカと受入国の関係の「安定」を希求するのは、まずアメリカ自身であり、だからこそ、現地社会の不満の「ガス抜き」の交渉に応じ、地位協定の「運用」改善ではなく、広く透明性を持って、現地社会の感情に訴えかけられるように衆知が及ぶ「改定」という形で、譲歩を示してきたのです。

柳澤　そういうことが知られていませんよね。だから、テレビの議論を聞いていても、本文の改定はできないという発言が平気で出てきているし、それに対する本格的な反論もない。まあ実際、それはものすごく手間ひまのかかる、エネルギーが必要なことなので、外務省はやりたくないのだろうと思うのですね。だから、運用改善でお茶を濁そうとしている。

NATO加盟国は、アメリカに行っても同じ権利がある

柳澤　それからもう一つは、それに対抗する側の地位協定改定要求も、「反基地」「反安保」で

はないという限界があった。労働組合の連合がありますが、その連合九州が、大分の日出生台《ひじゅうだい》演習場で地位協定の改定要求を看板にして、毎年一月に集会をやっています。だけどそれも実質は沖縄の基地問題なのですよ。そして、沖縄の基地問題の本質は、今で言えば普天間《ふてんま》の問題です。そうなのだけれど、海兵隊を沖縄県外に移設するということになると、本土のどこで受け入れるかという別の大問題になってしまう。そこで本土でも共通するテーマとして地位協定の改定を要求するということですが、その意味でこちらもお茶を濁している側面があるのです。

伊勢﨑　どういうふうに変えろとは言ってないのですか。

柳澤　変えろと言っている部分は、米軍人被疑者の起訴前の身柄拘束の問題なんかが中心ですけどね。それから、環境汚染防止の問題。

伊勢﨑　外務省がNATO軍地位協定を持ち出すのは結構なのですが、日米地位協定との根本的な違いを説明しないのは、すごく恣意的だと思います。その違いとは、ズバリ「互恵性（reciprocity）」です。日米地位協定って、どの条文も、「合衆国軍隊は……」という主語があって、日本がそれに対して特権を与えるという構造になっています。だけど、NATO軍地位協定の主語はアメリカじゃありません。センディングステート（派遣国）という主語にレシービングステート（受入国）という概念しかないのです。つまり、派遣国にしても受入国にしても、逆があり得る。

NATO加盟国は、アメリカに行っても同じ権利があるのです。受入国は、それがアメリカであれ他の国であれ、派遣国に対して同じ権利を認めなければならない。これが「同盟」なんですね。日米関係は同盟ではありません。

そうは言っても、米軍のプレゼンスが圧倒的に大きいのですから、その中でも特に大きいイタリアとドイツは、補足協定という形でより明確に細則を決めている。やっぱり、歴史的にいろいろな凶悪事件が起こり、アメリカは反米感情の高まりに憂慮して「譲歩」してきたのです。アメリカの地位協定の改定に向かう譲歩は、「互恵性」を謳う一九五一年のNATO軍地位協定の批准を含めて歴史的に次のようにパターン化されています。

一つ目は、互恵性です。裁判権の特権をお互いに認め合う。つまり、受入国の軍がアメリカに駐留した時も、同じ一次裁判権を与える。

二つ目は、透明性。互恵性を認めない場合でも、アメリカの第一次裁判権の行使における受入国の監視権を認める。米軍事法廷に立ち会える権利です。

三つ目は、「業者」の扱いに関してです。戦争の「民営化」が進み、民間軍事会社を含む「業者」の役割が増す中、業者の社員は米軍と直接的な雇用関係にはありません。つまり米軍は直接的な監督責任を負えないので、「業者」については公務中であれ公務外であれ、全面的に受入国側に一次裁判権を認めます。ちなみに、沖縄で二〇一六年に若い女性を殺害した「シンザト」は業者でしたが、日米地位協定では「軍属」としての裁判権上の特権が与えられていました。

四つ目は、基地の管理権、制空権。「平和時の駐留」なのですから、受入国の主権が地位協定を支配するという考え方は至極当然で、基地に何を持ち込むかはもちろんのこと、訓練を含む駐留米軍の行動は、すべて、受入国政府の「許可制」です。

最後に五つ目は、環境権です。四つ目と同じく、最優先されるべき受入国の主権の下、受入国の環境基準に従う。

地位協定のボトムラインは互恵性にある

柳澤 ドイツは補足協定でドイツ側の主権を担保しているということですが、実は日本でも、地位協定の補足協定があるのですよ。「思いやり予算」の特別協定がね（笑）。地位協定には基地の維持に関わる経費は日本に負担をかけないで合衆国が負担すると書いているわけですが、それを日本が負担するために補足的に協定をつくったわけです。

伊勢﨑　二〇一五年ですか、日米地位協定の補足協定が環境分野で結ばれて、六〇年ぶりの快挙みたいな報道がありましたが、内容は本当にチンケなものです。ドイツのサプリメンタリー・アグリーメント（補足協定）とは比べものにならない。日本の補足協定では、環境基準として、アメリカのもの、国際基準のもの、日本のものの中で最も保護的なものを適用すると謳っていますが、その「日本環境管理基準」なるものを“final governing standards”（最終的な支配的基準）として発布し維持するのはアメリカ政府であるというもので、今紹介したドイツ補足協定の環境権規定に比べると前近代的な内容です。

更に問題は、この補足協定の和文です。英語原文とニュアンスが違うのです。アメリカ側がすべての最終決定権を持つという英文の印象が和文では和らげてあるのです（前記“final governing standards”がある第三条一）。本当に、この手の第一次資料は英語原文をあたるべきです。外務省の訳はだめです。

何にしても、ボトムラインは互恵性なのです。しかし、日米間の現状は、そこからはほど遠い。アメリカとより対等になるということなのに、政府は別として、なぜ思考停止になるのでしょうか、右も左も。対米自立は、特に左派の念願なのですから。こんな簡単なことなのに、なぜ今までしないのか理由が分からない。

柳澤　それは突き詰めると、対等になりたかったら、日本もアメリカ国内に基地を持てよという話になるからですね。それが本当に対等なのだろうかということと併せて考えないといけませんよね。そこに戦後のアメリカ依存の反映があるわけです。政府もアメリカに自衛隊の基地を持つつもりはないわけですから。それに、自衛隊の存在を国内で否定してきた護憲派の人にとっては、自衛隊をアメリカに派遣する前提でものを考えるのは無理でしょうね。

ただ、今はいろんな射撃訓練なんかでアメリカに行っている自衛隊員もいるわけだから、その限りにおいて、この問題は現実の問題になるかもしれませんね。アメリカにいる自衛隊員の犯罪の裁判権を、日本にいる米兵の裁判権と同じにするような地位協定の改定は、あり得る話でしょう。

伊勢﨑　それを聞きたかったのです。地位協定とはまた別の話なのですが、ビジティング・フォース（訪問軍）・アグリーメントというタイプの協定があって、地位協定というのはパーマネント（恒常的）な基地をつくるのが前提ですが、ビジティング・フォースというのは、基地はわざわざ米軍のためにつくらないけれど、既存の施設を〝間借り〟させてあげる、というものです。例えば、訓練を短期、中期に行ったりする時に時限立法的に締結されるのです。日本はそういうものを締結しているのですか。

柳澤　国会承認条約としては締結していません。ですから、日本からアメリカに自衛隊が行く時は、おそらくＭＯＵ（Memorandum of Understanding）でやっているのじゃないでしょうか。これは了解覚書と言って、行政機関同士が合意事項を記すやり方で、法的拘束力はないんです。

伊勢﨑　アメリカで自衛官が過失を犯した場合は、日本に裁判権はあるのですか。それとも、アメリカですか。

柳澤　裁判権の移譲はされていないので、アメリカで裁かれることになるでしょうね。

伊勢﨑　例えば、アメリカで自動車を運転していて人をひき殺したという場合は……。

柳澤　それも同じですが、どうしても救いたい場合は、外交ルートでいろいろ交渉するということになるのでしょうね。

伊勢﨑　これが駐在武官みたいな感じであれば、外交特権になるわけですね。でも、訓練で派遣される自衛官は、そうではないですよね。その辺のことはちゃんと決まってないわけですね。

柳澤　そうです。例えば、私も何遍も公用旅券でアメリカに行っているのですが、その時何か犯罪を犯して捕まれば、それはそれまでの話ですよ。

伊勢﨑　日本の国際協力機構（ＪＩＣＡ）から派遣される民間の開発専門家も公用旅券ですから、同じ身分か……。公用旅券は外交特権と関係がありませんよね。

柳澤　もちろんです。

フィリピンが裁判権の互恵性を獲得した理由

伊勢崎　ところがですね。フィリピンは、裁判権の互恵性を獲得しているのです。つまりアメリカで、もしフィリピンの軍人が公務上の過失を犯した場合は、フィリピンに裁判権があるのです。他にもイスラエルが獲得しています。

柳澤　そういう言い方は失礼なのだけれど、フィリピンですらそうなのか、ということですよね。

伊勢崎　ええ、かつてアメリカの植民地だったフィリピンには、スービック湾海軍基地やクラーク空軍基地など、沖縄の嘉手納《かでな》基地と同じような巨大な米軍基地を抱えていました。しかも日本の「思いやり予算」とは反対に、アメリカは毎年数百億円もの「家賃」をフィリピンに払っていました。それにもかかわらず、「米軍基地は植民地主義の残滓《ざんし》だ」と主張する国民運動が高まり、折しもピナツボ火山の噴火で米軍基地が甚大な被害を受けたことで、一九九二年、フィリピンは在比米軍基地の全閉鎖に踏み切ったのです。

しかしその直後、フィリピンは南沙諸島を中国に実効支配されました。それからフィリピンはアメリカと再交渉し、協定を結び直しました。その際、一度追い出されたアメリカはフィリピンに非常に気を遣い、以前のような地位協定（ＳｏＦＡ：Status of Force Agreement）ではなく、「訪問米軍に関する協定」（ＶＦＡ：Visiting Force Agreement）という形で協定を結び直したのです。米軍は客人として基地を使わせてもらう立場だということを強調したわけですね。米比ＶＦＡでは、ＮＡＴＯ軍地位協定と同様、フィリピンの国家主権の下に、先ほど紹介した四つ目の基地の管理権、制空権、そして裁判権における「互恵性」が認められています。

なぜアメリカはフィリピンにこれを認めたのか。その答えは米連邦諮問委員会が二〇一五年に発表した地位協定に関する報告書（米連邦諮問委員会任命の国際治安諮問会議、二〇一五年“Report on Status of Forces Agreements”）に、アメリカがフィリピンに裁判権における「互恵性」を認めたのは、「現地感情」に配慮した結果であると書かれています。

アメリカにいてもらっている、という意識

柳澤　なぜそういうものが受け入れられるのかを、よくよく考えないとだめですよね。アメリカはＮＡＴＯに入る時に、国を挙げて大論争をしていますよね。

伊勢崎　そうです。どんな凶悪な罪を犯したとしても、命令で行かされた若い米兵を異国の野

蛮な司法から守りたい、というのがアメリカの保守世論には昔から根強くあるのです。第二次世界大戦中はもちろんそうですし、終戦後、東西冷戦が始まって、戦時とは言えない準平和時の駐留においても、です。

柳澤　他国の防衛に対するコミットメントを制度化するような条約を結んでいいのかという大論争をしたわけです。西欧諸国との間でもやり取りがあった。日本の場合はそれがなかったのですね。単独講和がいいか悪いかしか論争していない。そして結局決め手は何だと言ったら、やっぱりソ連がいるし、アメリカにいていただいて守ってもらわないと困るという、何かこっちがお願いするということになってしまった。そういう後ろめたさみたいなものが心理的にあるので、互恵性なり対等性を求められないという事情が背景にあるという気はします。しかし現在、外交上のアジェンダ（課題）としては、大いに問題提起してもいいのですよ。

伊勢崎　でも、政府はそれをしないでしょう。

柳澤　現にいろんな事件が起きていて、周辺住民の要求はあるわけですから、やるべきなんです。それをしないのはなぜなんだろうと思うと、地位協定のような条約改定というのは政治的にもエネルギーを使うので大変だよね、国会承認も必要だから、やり出したら切りがないよねというようなところはありますが、それは役所の都合であって、国としてのスタンスは違っていいわけです。でも国がなぜやらないかというと、先ほど言ったように、アメリカにいてもらっているという意識があるということでしょう。

伊勢崎　事実、いてもらって、戦後の日本は平和だったわけですから。

柳澤　それって、「思いやり予算」でつくる米軍の家族住宅にも反映していると思います。米軍の下士官クラスの家族住宅は一三〇平米程度なのです。一方、自衛隊は、陸幕長の官舎だってそんなに広くない。しかも、一三〇平米のマンション型の中層住宅、高層住宅に住むのは下士官であって、将校は基本的に芝生のついた一戸建てなのです。なぜそんなぜいたくなものを建てるのかという質問に対して、日本政府は、アメリカを離れてこっちに来て日本を守ってくれている相手に対して、やはり本国にいるのと同じレベルの快適さを与えなければいけないのだという説明をするわけです。これも、米軍はアメリカの国益のために来ているのではなくて、日本を守ってもらうために来ていただいているという発想がないと、その論理は成り立たないのです。

私も広島県呉の防衛施設局にいた時に、いろいろ感じることはありました。岩国の基地に行くと、ちょうど門前川という川に面して、立派な米軍の中層住宅があるわけです。六階建てのね。一方、そのすぐ隣には防衛施設局の職員の本当にマッチ箱みたいな長屋、官舎が並んでいるのです。橋の上からちょうど両方の写真を撮れるスポットがあって、マスコミを連れていって写真を撮らせたのですけれどね。そこの官舎に住んでいる防衛施設局の職員は、米軍の一三〇平米の住宅をつくるために、地元と折衝したり、予算を取ったりする仕事をしているわけで、これって何か変だよなという感じは持っていました。

伊勢﨑　アメリカには、地位協定の交渉にあたって交渉官が指針とするべきGlobal SoFA (Status of Force Agreement) Templateと言って、つまり地位協定の標準雛形《ひながた》があるのです。もちろん、これはもう完全にアメリカの国益優先の一方的な内容なのですが、例えば、裁判権なんか、外交特権に近いものを要求する内容です。

日米地位協定は不平等条約

伊勢﨑　ちなみに、アメリカの締結している地位協定って、どのぐらいあると思います？

柳澤　さて、それ、どれぐらいでしょう。

伊勢﨑　アメリカ国防総省と国務省が共通認識する数字は怪しく、おそらく一一五〝以上〟だろうと。二〇〇八年に当時のゲイツ長官とライス長官が公聴会でそう答えたと、先ほどの二〇一五年の米連邦諮問委員会の報告書には書かれています。その中に、この地位協定の標準雛形を実際に使用した交渉官の〝逸話〟が載っているのです。相手は親米国なのに、「冗談でしょ」と突っ返された、と。

この報告書は、この雛形は「雛形」じゃなくて、これで相手が呑《の》んでくれたらラッキー、というくらいに考えようよ、と運用の転換を提案しているのでね。しかし、周りを見渡しても、この雛形に限りなく近いのが日米地位協定なのです。こんな内容で満足しているのは、おそらく日本だけでしょう。

柳澤　そうだよね。明治維新の後に、鹿鳴館を建てて、西洋文明を取り入れて、議会をつくったり憲法をつくったりして、一生懸命だった。なぜ頑張ったかというと、外国人を日本が裁けないとか、そういう不平等条約を解消するためですよね。その努力の末に戦争まで行ってしまったのだけれど。それにしても、その雛形の内容って、一言で言うと、ものすごい不平等条約ですよね。

伊勢﨑　そうとしか思えないのです。この話をしていくと、何か日本人として悔しいみたいな気持ちになって……。

柳澤　そうそう、過激になっちゃう。

伊勢﨑　逆にナショナリズムを煽るみたいな話になるので、話の仕方が非常に難しいのです。

でも、日本が平和なら不平等条約でもいいのですか、という話です。

柳澤　そうです。平和の代償だったわけですよね、駐留米軍の特権が。

伊勢﨑　我々が今、問題提起すべきは、これまでは平和の代償だったかもしれないけど、これからは違うよ、ということでしょう。それをどうプレゼンするのか、頭を捻《ひね》らなければなりませんね。右派は「みんな中国が悪いのだ」だし、沖縄を支援している左派も、凶悪事件が起こるたびに日米地位協定は問題だとしながらも、「公務内、公務外」で裁判権の所在を区別するのは、実はＮＡＴＯ軍地位協定と同じで特段に不平等とは言えなく、問題は「互恵性」だという話をすると、腰が引けちゃう。アメリカと軍事的に対等になるのかと。

柳澤　伊勢﨑さんの葛藤は分かるけれど、この問題の一番のポイントは、トランプが出てきて話がすごく見えやすくなった部分があることだと思うのです。そうまでして日本を守ってくれているのだ、だから特権的な待遇を甘んじて与えているんですよという前提が崩れるということです。日本を守るかどうかわからない、それなのにもっと金を出さなければいけないって、それならなぜ特権的な地位を与えなければいけないのということになる。

伊勢﨑　そうなりますかね。逆に向かう可能性もあるのではないかと。つまり、トランプみたいなのが現れたから、地位協定のことを蒸し返すなんて、余計できないという話になりませんか。

柳澤　余計できないという考えの人も出てくるでしょうけれど、その心理状態が何かということを考えなければいけないのですね。別に左右関係なしに、トランプ大統領の好き嫌い関係なしに、安倍首相の好き嫌い関係なしに、何だかおかしいと思えるようになる可能性はあると思うのです。だって客観的に言えば、地位協定で基地を貸して、金も払っているのに、もっと日本がやらないと、これまでと同じ水準のことをアメリカはやらないと言っているわけですね。やっぱりそれはおかしいでしょうということになるのじゃないですか。

伊勢﨑　そういうふうになりますかね。

加藤　結局、いわゆる植民地根性でしょう。

伊勢﨑　そうそう。右派、左派が、アメリカの手の平の上でいがみ合っているだけ。

地位協定にともなう不平等の問題を背負ってきた沖縄

加藤　こんな不平等がなぜ今日まで続いたかという問題でしょう。地位協定そのものは我々の生活にほとんど無関係なのですね。何か事件が起こった時にいろいろな問題が出てくるというだけ。だから、話題になるきっかけもなかった。

柳澤　それは沖縄に集約されちゃっているのですね。だから、日本国憲法の下で国民としての法の下の平等が保障されていないのであれば、琉球《りゅうきゅう》独立というのもあり得る話なのですよね。

伊勢崎　琉球独立。いいですね。インドネシアから独立した東ティモールなんかは、何十年もの血みどろのゲリラ闘争の末の結果ですが、現在のスコットランドやカナダのケベックのような緩やかな独立運動もあり、と思うのです。

「独立」とぶち上げて、高度な「自治」を獲得する方法もある。血みどろでしたが、同じくインドネシアからのアチェがそうでした。沖縄が獲得するべき「自治」は、日米地位協定を沖日米地位協定のように、バイラテラルつまり二者間のものでなく、三者間のトリラテラルにする。それはかなわずバイにとどまっても、最低限、イタリアの補足協定ぐらいは獲得するべきです。イタリアでは、米軍基地があることで迷惑をかける県や市などの地方政府と当該米軍責任者は、オフィシャルなチャンネルを持つ、とさえ定めているのです（一九九五年米イタリア補足協定第一九条）。

地位協定の結び方には、他にもいろいろあります。例えば、駐留期限を設けるとか。軍事同盟であるＮＡＴＯ軍地位協定は違いますけど、二国間地位協定には、そういうものがあります。二回目の交渉は決裂しましたが、イラク米地位協定では、「二〇一一年末までに米軍は完全撤退する」と明記することに成功しました。国民の反駐留米軍感情の高まりを受けて、イラク政府が粘り強く交渉した結果です。

米軍の駐留は、「永久的」なものなのか。日本人には、そもそも、他国の軍が自国にいることがおかしいという感覚が希薄です。戦後ずっとそうであったから慣れ過ぎてしまったのか。

同時に、米軍基地反対派も、「今すぐ出ていけ」ではなく、「それでは、どういう状態になれば米軍基地が要らなくなるのか」という明確なビジョンを持つべきです。例えば「すべての近隣諸国と領土・領海紛争がなくなった時」というような。そうすれば、国防と直結した外交がめざすべき目標が生まれます。

柳澤　米軍の駐留が引き続き必要なのだという立場に立っても、そのためにも矛盾が生じるもとになっている地位協定は直したほうがいいというのが、一つの回答としてあるのですよね。

伊勢崎　直すというのは……。

柳澤　普天間基地を返還するとアメリカが言ったのも、そうしないと安定的な関係は築けないと考えたがゆえのことですよね。沖縄の負担を軽くしないと東アジアに一〇万人の前方展開が安定的に維持できないので、普天間を返そうという話だったのです。それと同じ発想に立つと、普天間の海兵隊を県外に移設しないのだったら、なおさら地位協定を変えないと、沖縄の矛盾は何も解決しないということになる。

伊勢崎　日米関係が大切ならば、という発想ですね。

柳澤　そうです。最悪の事態に備えなければいけないから基地を置くというわけだけど、最悪ってどういうことだということです。地位協定が変わらない結果、基地反対運動が盛り上がって……。

伊勢崎　フィリピンやイラクみたいに。

柳澤　丸ごと追い出されちゃうかもしれないよというのが最悪のシナリオであるはずなので……。

反米でも親米でもない「活米」という考え方

伊勢崎　それ、親米派にとって、一番警戒するべきシナリオであるはずですよね。「自衛隊を活かす会」のシンポジウムでお呼びした元空将・航空支援集団司令官の織田邦男さんは、反米でも親米でもない「活米」を提唱していますね。これ、僕は、良い言葉だと思います。

活米するために地位協定を「改定」する。こういう発想が、親米派にこそあるべきです。それは、大きな反米運動を抑止して、日米関係を安定させることです。駐留米軍が引き起こした様々な「事件」を契機として嫌米の国民運動が高揚し、フィリピンやイラクで完全撤退を余儀なくされたことは、アメリカ自身が歴史的経験値として学んでいるのです。

日米関係の安定のため、米軍にもう少し注意深く振る舞っていただくようにするにはどういう改定が必要かというと、やはり先ほど述べた「互恵性」がポイントだと思います。互恵性の獲得は、犯罪の減少を保証するものではありません。しかし、考え方としては「明日は我が身」だから、米側も慎重にならざるを得ないという理屈は成り立ちます。

柳澤　ただ、自衛隊がアメリカに演習で行って、乱暴するでしょうかね。米兵と違って。

伊勢﨑　はい。そうです。確かに「逆」のケースの蓋然性は低い。でも、先ほどの二〇一五年の米連邦諮問委員会の報告書では、アメリカ自身が、「互恵性」を、地位協定の不平等性に向かう現地感情を和らげるため、地位協定の改定の交渉の際に有効な妥協のカードの一枚として捉えているのです。

加えて、透明性の確保が重要です。例えば、アフガニスタンの地位協定では、アメリカの軍法会議へのアフガン側の立ち会いをする権利を明記しているのです。これ、ないでしょう、日本に（笑）。

柳澤　ないない。

伊勢﨑　地位協定で透明性が確保されるということは、慎重にならざるを得ない、という理屈は成り立ちますよね。

柳澤　抑止は効きますね。

伊勢﨑　ということは、より対等になるということでしょう。

柳澤　そうですね。

伊勢﨑　それは反米リベラルにとってどうなのでしょうね（笑）。

柳澤　とてもいいことなんじゃないでしょうか。

外国の軍隊がいることの矛盾の解消は思想の左右を問わない課題

伊勢﨑　互恵性が初めて成文化されるNATO軍地位協定の誕生には、やはり、米軍が引き起こした数々の「事件」がベースになっているのですね。第二次世界大戦中に、ドイツへの攻撃のためにイギリスに米空軍が駐留した頃かららしいです。戦時の真っ只中ですから、公務外・公務内というような裁判権の概念すらなかった時代です。ドイツの脅威を直接こうむっていたイギリスにとって米軍の存在は必要不可欠なのですが、いくら何でも米軍兵士の乱行はひどすぎると、選挙民の苦情を受けて代議士がイギリス議会で問題にし始めた。

そうして、終戦、東西冷戦という戦時中とは言えない準平和時において、お互いに軍を置き合う――米軍の存在が圧倒的ですが――という発想になり、制度上は対等になるための互恵性をベースにNATO軍地位協定が締結された。

やはり事件なのですよ。

柳澤　そういう面があることは否定できませんね。昔は砂川闘争もあったし、群馬では相馬原《そうまがはら》のジラード事件というのがありました。薬莢《やっきょう》をばらまいて、取りに来た女性を撃ち殺したとか。今の埼玉の入間《いるま》基地のところで、走っている西武電車に向けてアメリカ兵が鉄砲を撃ってきた事件もあったけれど、今ではほとんど沖縄の話になってしまった。

基地を見に行った時に感じたのは、外柵のところに何て書いてあるかというと、「日本人立ち入り禁止」なんです。許可なく施設内に入ったら日本の法律によって罰せられますと日本語で書いてあるのです。それが地位協定の現実なわけですね。そうやって日本の国家権力で守られている米軍基地というのがある。それだけでも対等な関係ではないという感じはしますが、それでもそこを我慢して、読まずにその前を通り越せば、あとは騒音とかそういう話だけということになってしまうわけです。

伊勢﨑　ある高名な日米関係専門家――一発お見舞いしそうになった彼ですが――、日米地位協定を触るのは、パンドラの箱を開けることだと表現しました。つまり、現状のままで今まで良かったのだから触るな、ということですね。

ただね。他の国の地位協定の原文は国会図書館に行かないと読めなかったと言われる昔ならいざ知らず、今はウェブで簡単に読めちゃうわけで。まったく、何を言っているのだろうと思うわけです。原文を読む労力だけでパンドラの箱は開くというか、今やそんな箱は存在しないわけで、日本社会全体がこれに気付いた時、右、左の対立構造はどうなっていくのか。

柳澤　日本人として考えた時に、外国の軍隊を日本の中に受け入れていることから出てくる矛盾は、右にとっても左にとっても一緒なのだと思うのです。その矛盾がなくなる方向に向かわせるというのは、政治的に右か左かとは関係なしに、共通の課題としてあるのだと思います。ただ、今のところは、どうせ沖縄の問題だからということで、右も左も本気になっていないのが現状でしょう。

それをいいことに、政府のほうは、手間ひまがかかって、ものすごい政治的なエネルギーが必要になるような作業は、やはりやろうとしない。その意味で、地位協定をいじりだしたら、やっぱりパンドラの箱を開けちゃうと思います。多分ほんとに内閣が潰れるぐらいの大騒ぎになるでしょう。でも、それは沖縄だけの話だとなってしまうと、政治的な優先課題にはならない。

伊勢崎　それでも、地位協定は「正常化」させなければならないと思います。

柳澤　対等になることと地位協定は関係しているのです。だけど、そこの対等性というものの捉え方自体、すごくバイアスがかかっているので、全体のバランスシートをちゃんと書いてみる必要があるでしょうね。

その中の一つは、さっきも出てきた問題です。アメリカが提供するサービスは日本の防衛ということになりますが、現在は、ソ連がいた時と違ってもっと規模の小さい脅威になっているという意味では、アメリカが提供するサービスの量は昔よりは減っているわけです。それに対して、日本が払っているものは昔より増えているわけです。それをもっと増やせとトランプさんは言っているわけですが、一方、日本の防衛をそもそもやらないということも言っている。バランスシートを書いてみたら、明らかにおかしい話だというのは誰にでも分かると思うのだけどね、私は。

加藤　柳澤さんの話は、地位協定と日米同盟との合理主義的判断ですよね。

柳澤　そうです。

加藤　伊勢崎さんが提起しているのは、日米は対等な立場でという意味で、もっと根源的な問題ですよね。

伊勢﨑　そうそう。

地位協定改定は米軍を全面的に追い出すことを意味しない

加藤　私はね、もう何度も言いますけど、右も左も関心がない状態になったのは、やっぱり日本が植民地国、敗戦国だという以外にないという気がしているのです。

伊勢﨑　ドイツもそうだったでしょう。

加藤　でも、ドイツで終戦協定を結んだのは、敗戦したナチス政権じゃない。イタリアもムッソリーニじゃない。アフガニスタンもタリバンじゃない。イラクもフセイン政権じゃない。考えてみたら、純然たる敗戦国として地位協定を結んでいるのは日本だけじゃないですか。最初のところのボタンのかけ違いというか、その時の心理的な問題が、今に至るもずっと続いてきているというのが日本なんじゃないでしょうか。

だから、これで対等な地位協定をつくったとして、本当に日米関係が変わるのだろうか。何が変わるのだろう。心理的な問題なら、条約の条文がどうかということとは関係ないことになる。実際にはあまり変わらないとなったら、そういう問題に対して日米両政府がどこまでエネルギーを使うだろうかと思うと、非常に懐疑的にならざるを得ないです。沖縄でもっと問題が大きくなってきて、本土の人が自分のこととして感じるようなものになれば、おそらく違った形になってくるのでしょうけれど。

柳澤　だから、実際に政治プロセスが動くかどうかという点について言えば、ほんとに日本側の運動が、日米同盟に対する真に現実的な脅威にならないといけないのです。そうなのだけれど、伊勢崎さんのような人が問題を提起し続けることは、非常に大きな意味がある。

伊勢崎　それは結局、いいことなのか、悪いことなのかということです。やり続けるのだったら、やっぱりいいことなのだという確信が欲しい。地位協定のことを考えだしたら、悔しさだけが心を占めるのです。

柳澤　地位協定の問題というのは、やっぱりナショナリスティックな話だと思います。やはり不平等はおかしいでしょうという問題ですから。その意味で私は別に自分にナショナリストの部分があることを否定しないし、話はズレるけれど中国に妥協することなんてめちゃくちゃ腹が立つことです。ただ、そこは大人として考えると、我々も日常生活の中で腹が立って許しがたいやつらと平和的におつき合いしなければいけないことがある。

だから、大人の論理としてある程度のものは受け入れていくという話と、感情的にフラストレーションがあるかないかというのは、それはまた別の問題なわけです。だから私は、合理的に判断したらこうなるでしょう、地位協定もこうあるべきでしょうというものが、アメリカにも通じる共通の言語としてあるのかなという感じがするのですけどね。

伊勢﨑　アメリカが最も気にし、実際に改定を牽引してきたのは受入国社会の激しい怒りですから。アメリカに通じるかなんて気にしていたら、多分、何も変わらないのでしょうね（笑）。

柳澤　私は、先ほど紹介した連合が日出生台で開催する地位協定改定要求集会で何回か呼ばれているけれども、どちらかと言うと重点を置いて話してきたのは、地位協定を変えるよりは海兵隊を追い出すほうが早くて簡単だよということです。

伊勢﨑　そうなのですか。

柳澤　そのほうがメンツに関わらない話になるから。戦略論と運動論としてやれる話だから。

伊勢﨑　でもそれでは、日本の国のあり方まで行き着きませんよね。

柳澤　そうなのだけど、じゃあ、地位協定を改定しろということは、そうなるのかという問題もあるのです。地位協定を改定しろということは、自分で日本を守れということなのかというと、違いますよね。米軍を受け入れるから地位協定があって、受け入れをもっと我々にとって心地良いものにするために地位協定を変えようと言っているわけですよね。だから、地位協定を変えるというのは、米軍のいない日本の国の形というのとは、違う話をしているわけですよね。

アメリカと対等の関係とは

加藤　昔、明治期の日本が不平等条約で治外法権の撤廃と関税自主権の確立を求めていったのは、大国と対等になるのだという目標があったからです。政府も国民も一丸となった願いがあったから、多分そういう運動が続いたのです。治外法権を撤廃するまでには五〇年以上かかっている。そういう意味で、地位協定の改定が何か日本の大きな政治目標とつながるか、あるいは日本の国家のあり方とつながるか、アメリカとの対等な関係を求めるか、そういうことでもなければ、地位協定の改定が国民的な盛り上がりになることは難しいのではないでしょうか。

柳澤　アメリカとの対等の関係を求めるというのは、ずっと伝統的な課題ではあったわけです。ただ、安倍首相の言っている対等というのは、アメリカの船を集団的自衛権で守れるようになったのだから対等だという話なのです。アメリカと一緒に肩を並べて対テロ戦争をやれるようになったのだから対等だ、と。しかしそれって、実際にはアメリカの戦略に従属するということ以外の何物でもないのです。だけど、そういう戦術的対等になることをもって、何か対等になったみたいな……。

伊勢﨑　戦略的従属・戦術的対等ですね。言い得て妙ですね。

柳澤　加藤さんの言葉を借りれば、それによって虎の威をかる大国になって、どこに向けての大国かということでしょう。中国と対抗するための大国という、そういう構造なのですね。だから、そこからは、不平等条約である地位協定を改定しようという、そこで対等になろうという発想は出てこないのですよ。むしろアメリカの望むことをもっとやれるようにすることが対等だという発想ですからね。

伊勢﨑　戦略的従属・戦術的対等という不可思議な精神構造を正当化させるのは、中国の脅威の喧伝ですよね。でも、それはおかしい。少なくともこの本で主張する僕らにとっては（笑）。

柳澤　私らにとってはというか、それは率直に言って、道理的にも論理的にもおかしい、間違いだと思いますからね。誰にとっていいか悪いかは別としてね。

伊勢﨑　じゃ、政治的な変革の希望はないけれど、言い続けるしかないという話になるわけね。

柳澤　そう。だから、そういう道理的に間違っているな、論理的に間違っているなというものがベースにあって、それが現実に何か大きなイベントがあった時に政治的にも大きな変化をもたらす要因になるのだろうと思うのですよね、と言ってなぐさめたりして。

伊勢崎　いやいや。何かやっぱり事件が起きることを期待しているみたいな話になっちゃうから。

柳澤　すごく難しいのだけどね。だけど、我々がせこい発想でいるとしたら、変革の程度も大したことないですよね。何か不測の事態が起きたら、むしろそれを契機に改憲に行くかもしれないという流れだってもう一つあるわけですから。

伊勢崎　そんなところかな（笑）。

柳澤　だから、やっぱり誰が見てもおかしいよなということを言い続けるということだと思うのですね。でも、政治が変わるかどうかというのは、それは別の潮の流れの問題なのですよ。それはいくら何でも、我々のような世の中で「変なおじさん」と見られている年寄りができることではない。

第六章　守るべき日本の国家像とは何か

護憲、改憲を超えた国家像の議論を

柳澤　最後に、これまでの議論でも出てきたことですが、日本はどんな国家をめざすのかという問題をまとめて議論しましょう。それ抜きに日本の安全保障のあり方を議論しても、あまり意味のあるものにはなりませんから。

憲法論争の中で私が意識していたアイデンティティーがあります。憲法九条の議論の中で出てくるのは、要するにどういう形で日本は武力紛争に関わるかという、その角度からの国家像です。

まず一つあるのは、大国として、秩序を維持する立場で武力を使っていくというもの。もう一つは、そうではなくてミドル・パワーであることを自覚し、武力で訴えるのは限定された自衛目的に限るというものです。

更に、同じミドル・パワーであるけれども、海外における武力行使について、二つの考え方があると思います。

一つは、現在の国際秩序の維持、つまりはアメリカの秩序を維持するために、アメリカのお手伝いで武力行使をする国になるのか。これはミドル・パワーというよりは、同盟のジュニア・パートナーみたいなものとして、結果的に大国としての現状維持に加担するというものでしょう。

もう一つは、そういうことを日米同盟の文脈ではやらないけれど、国際主義の文脈、あるいは人道目的でやるのは意味があるので、そちらのほうにシフトすべきだという考え方があると思います。後者は、いわゆるＰＫＯ重視ということになるでしょうが、現在のＰＫＯは、昔のような停戦合意ができて、中立的な立場で派遣するというものとは違う状況になっているので、そこにシフトすることが日本のアイデンティティーとして、国家像として合意されているかというと、そうではないでしょう。

なお、私はアメリカのほうばかり見ながら安全保障を考えていたから、結果的に自分の頭で考えていないということもあるのだろうけれど、今日ここまで来てみると、武力紛争は放っておくという選択肢もあるのだろうと思います。しかし、実際にはそういう選択肢を取ることは難しい。じゃあそれなら、自衛隊は派遣しないけれども、多少危なくても民間人が行って、ナイル川に橋を架けるようなことはやるというふうにするのか。そのあたりが現在、見えなくなってきている。中国が尖閣をはじめとして、いろんなことをやってくるのに対しても、それに武力で抵抗するという答えもあるが、すでに議論したように別の答えだってあるはずです。面従腹背にせよ何にせよ、武力で対抗しない範囲で、言うことを聞いて、顔を立ててやるというのも一つの選択なのです。ただそういうことになると、中国に大きな顔をされるのは不愉快ですから、不愉快を我慢するという心理的な損失はあるのだけれども。

そういう意味で、選択肢をまとめるとこうなると思うのです。

（1）日本自身も大国であろうとするのか。

（2）大国を手伝う下請国家であるのか。

（3）何らかのミドル・パワーとして自分のものを持っているのか。

＊その際、アメリカの言いなりにならないけれど、人道のためには命も賭けるのか、あるいはそれさえもやらないのか。

だからこそ憲法九条の議論は大事なのだと思うのですが、護憲ありきでもなければ、改憲ありきでもないと思うのです。そういう議論の前に、何をしたいのかということを考える必要があるということです。

憲法九条の精神は日本の強固なアイデンティティーになりうる

加藤　それこそ冷戦時代は非常に簡単で、ソ連の脅威から我が国をどのように守るかという、たったそれだけのことが安全保障を考える基準でした。そして、そのためにどうするかといったら、アメリカと組む以外になかったということです。つまり、冷戦が終わってソ連が解体し、そこから今日の迷走が始まっているわけです。その中で今、安倍首相が選んでいる道は、アメリカと同盟関係を維持、強化したいということです。その根本は、アメリカと日本は自由と民主主義という普遍的価値を共有していて、この価値を守るために日米は協力していかなければならないし、その価値に基づいて日本の国際主義も積極的に世界に発信、実践していかねばということです。そのために安倍首相は自衛隊を国外に出すというわけです。

自衛隊をどうするかは手段の問題なので、それはさておくとして、私たちがもう一度考えなければならないのは、一体世界がどのような方向・秩序を形成しようとしているのかということを、日本なりにきちんと明らかにすることだと思います。もっと言うならば、どういう秩序が日本にとって好ましいのか、我々はどのような秩序をつくろうとしているのか、これをいったんアメリカ抜きで日本だけで、独自で考えていく必要があると思っているのです。

私は憲法九条の精神は日本の強固なアイデンティティーになると思っています。これを軸にして、もう一度日米関係なり日中関係なり、あるいは他の国との関係を考え直す必要があるのではないでしょうか。そして、憲法九条の平和主義が憲法前文の国際協調主義と一体化することによって、初めて日本の憲法体制が世界に通用するのじゃないかと思います。国際秩序についても、そうした憲法に基づく秩序を日本が発信していく。実際にそれができるかどうかは別にして、憲法九条の理念は発信していく必要があるのじゃないでしょうか。

方法はいろいろあると思います。その中で先ほど伊勢崎さんがおっしゃった人権の問題、ヒューマニティーの問題も当然考えなきゃいけない。でも我々が今、国際協調主義から撤退するという選択肢はないと思います。憲法の前文で、我々は国際協調主義を高らかに謳い上げているわけですから。これまでは一国平和主義という言葉に象徴されるように、国際協調主義と憲法九条は矛盾するという言い方がされていましたが、両者は決して矛盾しません。矛盾しないがゆえに私たちがめざすのは、こうした矛盾しない秩序をどうつくり上げていくのかという、実は我々の覚悟ではないかと思っているのです。

柳澤　安倍首相は、国際協調主義の文脈で、自衛隊を海外に出さなければいけないと言ってくるわけですね。国際協調という点では同じになるわけですが、そこをどう考えますか。

加藤　自衛隊を海外に派遣すること自体が、憲法九条に違反することだから、それは許されないということが前提ですね。だから、自衛隊によらない国際協調、国際貢献をみんなが知恵を絞って考えなければいけない。でも具体的には、自衛隊以外となったら、あとは民間が行くしかないわけですから、シビリアンによる国際貢献をどのように具体化していくかという問題になると思います。

自衛隊を使わないのが原点である平和憲法をめぐる揺らぎ

柳澤　これまでの国際協調主義があまりにも、自衛隊とリンク付けられて語られ過ぎているんです。国際協調主義と言ったって、実際には対米協調主義だったという側面もあるわけですが。憲法前文にある「国際社会において名誉ある地位を占めたいと思う」というところを根拠にして、これまで自衛隊を出していったわけです。加藤さんの主張は憲法の原点に戻れということですね。むしろ自衛隊を使わないのが本来のあり方だという。

伊勢崎　僕は加藤さんの主張に基本的にものすごく賛成なのです。自衛隊を使わないのが、平和憲法の原点。だったら、本当にそうしようよ！　というのが僕の変わらないスタンスです。

でも、現実には、まったくそうなっていない。安倍政権以前――自衛隊発足から民主党政権時も含めて――から、ずっと。気が付いたら、通常戦力で世界五本の指に入る軍事大国になってしまった。海外〝派兵〟も常態化した。すでに「紛争の当事者」になっているＰＫＯだけでなく、アメリカの戦争の一翼で〝イスラム〟の本拠地近くへフラフラ出向くばかりでなく、占領者としか見えない半永久基地――ジブチです――まで持つようになった。繰り返しますが、これらは安倍政権が最初にやったことではありません。安倍政権は、これらを更に推し進めようとしているだけです。

一方で、自衛隊は日本を一歩出れば戦時国際法・国際人道法上の「紛争の当事者」になり、当該国から地位協定上の裁判権の訴追免除の特権を得ながらも（南スーダンにおける国連地位協定や日ジブチ地位協定）、自衛隊の国際人道法違反の過失を裁く法体系が日本にはない、と指摘すると、「お前は自衛隊を軍隊にしたいのか」と、誰より地位協定被害国の立場に立つべき護憲派から謗《そし》られる。

多分、日本の憲法論議は限界に来ています。もう、九条の精神と、九条の条文は、分けて考えるべき時期に来たと思います。つまり、精神を実現するには、条文には穴があり過ぎる、と考えるべき時期に。

一部の日本人による九条の精神への過剰な賞賛が、日本のアイデンティティーを形成してきたのだと思います。僕は、リアリストですから、多少の矛盾のあるアイデンティティーであろうと、それが〝お得〟であるうちは、それでいい、と考えてきました。事実、対テロ戦の黎明期のアフガニスタンでは、その「人畜無害の経済大国」のイメージを生かして、アメリカの言うことを聞かない武装勢力の間に割って入って武装解除し、日本の外交ポイントになるだけでなく、アメリカに貢献したりもできました。でも、それは、当時の小泉政権がイラクに陸自を出すまでです。この辺から、確実に、急速に、イスラム世界における日本のイメージが変わっていきました。

繰り返しますが、九条の精神を大事にすることと、その条文をどうするかは、別々に考えるべき時期に来たと思います。

柳澤　日本のアイデンティティーを考える時、今の憲法の背景にあるような、世界市民的な理想というのがあったのだろうと思うのです。そして、現実の日本のアイデンティティーは、唯一の被爆国であるとか、戦争は二度としないのだということを敷衍《ふえん》していく中で、自衛であっても戦争は許されないのだというような発想になっていったと思います。しかしもう一つのアイデンティティーとして、私が政府にいて推進していたのは何だと言ったら、アメリカにとってより良い同盟国であるというアイデンティティーでした。だから特に冷戦が終わってから、日本のアイデンティティーは何だと問われて、アメリカの同盟国であるという以外になかなか出てこない。結局、アメリカがやろうとすることをいかにお手伝いできるか、たくさん手伝えるほうがいい同盟国であるというものでしかありませんでした。

それが今、価値の問題としては、アメリカとの間で自由と民主主義を共有しているということなのだけれど、どうもほんとにそれを共有しているのかなという疑問もずっとあったわけです。しかしトランプが出てきて、「そんなものは俺は知らん」と言っているわけです。そうなると、同盟国であるというアイデンティティーもなくなってくる。

だからそこで国際主義、コスモポリタニズムのようなアイデンティティーがもう一回出てくるかというと、そこも疑問です。もう戦争をしないというアイデンティティー、そういう居心地のいいアイデンティティーの中にどっぷりつかっているようなところもあって、それも自分で汗をかいて血を流して何かをやっていこうと日本人に決意させるような意味でのアイデンティティーにはなっていないという感じがするのです。

伊勢﨑　そこでちょっと聞きたいのですけど、今、同盟という言葉を使われたじゃないですか。すでに何度か触れている話題ですが、普通、同盟というのは、英語ではミリタリー・アライアンスという言葉を使いますよね。交戦資格のあるもの、つまり主権のある国家同士のつき合いでしょう。一方、アメリカは日本との関係をセキュリティー・アライアンスと表現している。日本語はただ「同盟」という言葉を使っていて、多くの日本人はNATOなんかと同じだと勘違いしているのではないでしょうか。僕がアフガニスタンでNATO諸国の戦い方を見てきた限り、「戦略的従属・戦術的対等」は、ミリタリー・アライアンスの文化ではありません。

加藤　これまで見てきた通り、冷戦時代の日米同盟は明確だったのです。相手がソ連だったから。今は、日米同盟は何のためにあるのかということを、再度問い直さないといけなくなった。一九九六年、日米安保の再定義と言って、冷戦後の安保の意味を見出すための作業がありました。ソ連がいなくなったものだから、仕方がないのでアジア太平洋地域の平和と安全のための日米同盟、いわゆるリージョナル（地域的）安保に日米安保の定義を変えた。その後それが、いつの間にかグローバル安保にかわっていった。それが決定的になったのが安倍政権の積極的平和主義の国家安全保障戦略です。だけどグローバル安保にかわってしまったために、一体何のために日米同盟があるのか、かえって分からなくなってしまった。そこに来てトランプ大統領が出てきて、自分のことは自分でやれと言っている。じゃあこれまで、日米同盟を一生懸命、アメリカの言う通りにリージョナルからグローバルまで拡大したのに、日本ははしごを外されたような状況に置かれてしまった。

現在、どう考えても、昔のような日米中の三角形で物事を考える状況ではなくなってしまった。日本は完全に米中関係の従属変数になってしまった。米中が一緒になったら日本はもう終わりです。終わりというか、仲間はずれ。日米同盟は事実上、無意味になる。それでは再び中国を敵視して、日米同盟を強化するのか、これが安倍首相の国家安全保障戦略の基本方針です。

伊勢﨑　ソ連と対峙していた時のように。

加藤　だから変なことが起きている。日米同盟を維持するために中国を敵視せざるを得ないということですね。いや逆に、中国がいるから日米同盟があるという、そういう理屈付けもあるのですが、それはつまり日米同盟を維持する限り、日本は中国との間で友好関係が築けないおそれがあるということです。

米中関係から独立して、日本がどういう立ち位置を取るのか

加藤　だから日米中の三角関係がもうできないということを踏まえた上で、米中関係とは独立

して、日本がどういう立ち位置を取るのかが今問われている。そして私たちは、改憲しようが、護憲で頑張ろうが、軍事力では絶対に中国に勝てるわけがないのです。であれば、国際秩序の力の体系はいったん置いておいて、まさしく国際秩序を理念の体系として、理念を世界に訴えるしかない。もはや日本が取る道は中級国家の外交政策しかないと思います。その中で日米同盟をどう位置付けるか、が問題です。万が一の時には日米同盟は有名無実化、形骸化することも踏まえて、日本は今覚悟を決めなければいけない時が来たと思います。

柳澤　今おっしゃった一九九六年の安保再定義があって、それに基づいて翌年、日米防衛協力の指針（ガイドライン）が改定されます。その改定作業を私は防衛庁で担当していましたが、あの時明らかに意識していたのは北朝鮮なのです。中国ではなかった。私は中国のシンクタンクに行ってそういう趣旨の説明もしました。九〇年代前半の北朝鮮の核危機から始まった北東アジアの緊張の中で、ガイドラインの改定があったわけですね。それがグローバル安保にかわったのは、小泉総理の時の二〇〇六年の日米首脳共同文書です。あれは何だったかというと、背景にアフガン戦争、イラク戦争があって、インド洋に給油の部隊を出して、それからイラクに自衛隊を派遣するという、現実にもたらされた変化が下敷きになっているのですね。

この二つの変化は、特に一九九六年の時は、冷戦が終わって、まだヨーロッパとアジアにアメリカ軍の前方展開兵力が一〇万人ずついたわけですが、それを意味付けるためのものでした。当時、二つの大規模な地域紛争（Two Major Regional Conflicts）に対応できる戦力を海外に維持するというアメリカの方針があって、そのために日本の基地を安定的に使えるようにしておかなければいけないというものだった。普天間返還を含む沖縄の負担軽減も、そういう流れの中にありました。

それは理念の話として言えば、冷戦の時に築いてきたアメリカの軍事的なアセット（資産）を生かした秩序を維持する、ということだと思います。ただ、それだけでは説明できない事態が生まれてくる。一つは、北東アジアでは中国という別の要素が出てきて、北朝鮮を相手にする論理とは同じように機能しないだろうと考えなければいけなくなったわけです。私が現役の時は考えてこなかったけれども。

もう一つは、グローバル安保という文脈の中で言われていた、対テロ戦争ですね。これは完全に今まで失敗して破綻しているわけですから、これも見直さなければいけない。だから同盟の意味そのものが、少なくとも、日米同盟を維持することによって地域の秩序を維持する、あるいはグローバルな秩序を維持するという、その設計図そのものが使えなくなっているということだと思うのです。

理念の問題としてもう一つ議論したいことがあります。私がどうしても引っかかるのは、日本は軍事大国にならずに平和主義を貫徹してきましたと言われるけれど、平和主義って自分さえ直接戦争に手を下さなければいいのかというと、実は違うだろうと思うのです。例えば、沖縄からＢ52が爆弾を積んで、ベトナムに行っていたわけです。日本の平和主義というのは、汚れ役のアメリカがそういうことをやっても構わないというもので、日本国憲法には反しないのだろうけど、日本の国のあり方としてそれで納得してきたというか、わざと気付かないふりをしていたという問題が、少なくとも防衛官僚だった自分にはあるので、そこのところをどう捉えていったらいいのかということです。

米軍基地があるから攻撃対象になるというジレンマ

柳澤　一方で、現実の問題として考えると、ミサイルの脅威があります。冷戦時代はソ連が目の前にいて、アメリカにとってもソ連というのは最大の軍事的ライバルですから、日本はアメリカ本土防衛の防波堤でもあったわけで、日本を守ることはアメリカを守ることとイコールでもあった時代だったと思います。

今日、北朝鮮のミサイルの脅威を考えた時、中国の場合でも同じですが、なぜああいう国が日本にミサイルを撃ってくるかを考えると、それは米軍がいるからですね。他方、自衛隊には敵基地攻撃能力がなく、報復的抑止力も持っていないわけですから、彼らは自衛隊を先制攻撃する必要はないわけです。むしろ、自分の国を壊滅させる能力を持っている米軍を先にたたく動機が生まれる可能性がある。で、その米軍はどこにいるかというと、日本の基地にいるという構図でしょう。その結果、日本が攻撃対象とされる。

ところが、冷戦の時と同じように、その基地があって米軍がいることが抑止力になっていて、ミサイルの脅威に対抗するために日米安保が必要なのですということになると、これすごく矛盾してくるわけですね。そこをどう考えていったらいいのかというところを、私はわりに本気で悩んでいるのです。

加藤　一九八九年から九〇年に私はハーバード大学の日米関係プログラムに参加していたのですが、当時、北朝鮮が核兵器を開発しているという噂《うわさ》が流れました。その時に同僚と議論していたのは、北朝鮮の核兵器が仮につくられたとしても、目標は別に日本じゃないだろうということでした。日本に向けるようなことがあったら、それこそ北朝鮮にとっては金の卵を産むニワトリを殺すようなものだという話をしていたのです。

確かに、おっしゃるように、米軍があるがゆえに日本が狙われるという確率は高い。しかし、そもそも米軍が日本に基地を置く理由は何かというと、もちろん日本を守るわけではなく、要するに世界全体の秩序を維持するという目的があるからですね。そして、その秩序の恩恵を我々も受けていた。

ところが今、そういう秩序をアメリカは一国では維持しませんと、トランプ大統領は言っているわけですし、事実アメリカには単独で世界秩序を維持する能力がなくなりつつある。だから、日本がなぜミサイルの標的になるかどうかという問題以前に、今ある秩序を別のものに変えていくのか、それとも今のまま何とか別の方法で維持するのかという問題の中で、米軍基地の問題、自衛隊の問題も考える必要があるのではないかと思います。

例えば、中国が言っている新たな大国関係をトランプ大統領が認めて、米中がお互いに世界を分有しましょうと言ってしまえば、米軍の基地なんて日本から撤収しようがしまいが、おそらく意味がなくなってくるわけです。問題は、どのような秩序をみんなが築こうとしているのか、そうした秩序の中で一体日米同盟がどういう意味を持ち、その結果、在日米軍の基地がどのような意味を持つのかということです。そういう筋立てで考えていかないと、なかなか在日米軍の話も見えてこないのじゃないでしょうか。

もし米中が対立したままであれば、これまで通り日米同盟を強化して、中国と対立するという関係が維持されると思いますね。

柳澤　ただ、北朝鮮の話が比較的単純だと思うのは、すでに論じたことですが、北朝鮮が核を持つ動機はアメリカに対する、いわゆる最小限抑止と言われる弱者の脅しだからです。核は最後の切り札であって、アメリカが攻撃してくればシアトルとかサンフランシスコとか、その辺に落とすぞという脅しをかけているわけですね。

しかし、北朝鮮に対するアメリカの攻撃は、在日米軍基地から行われるわけですから、北朝鮮が仮にミサイルを撃って攻撃してくるとすれば、在韓米軍と三沢、岩国などの基地と、それからグアムの基地、そういうところに一斉に撃ってこないと意味がない。他にミサイルを撃ったって、日本の基地から発進した飛行機が報復に行くわけですからね。

だから北朝鮮について言えば、本当にミサイルが飛んでこないようにしたいのであれば、日米一体化というよりは、逆にアメリカと北朝鮮の間に入って、せっかく基地を置かせてあげているのだから、日本が先制攻撃されないようにすべきだというような話が、手段として、交渉のレトリックとしては取り得るのかもしれない。

一方、中国との話になると、これかなり深刻ですよね。日本にとっては、一発や二発のミサイルが飛んでくるという話ではなくて、日本を壊滅させるだけの攻撃があるということですから。中国にしても、太平洋の覇権を争う時に沖縄にある基地が邪魔になれば、まずそこを攻撃してくるということになる。だから米中戦争の文脈の中で考えると、同盟を強化して抑止力を強めることは、しかし同時に、昔の冷戦当時の西ドイツと同じように、抑止を強化すればするほど、実際に戦争が起きた時にこうむる被害は余計大きくなるという、安全保障のジレンマがそこにあるわけです。

だからそこで秩序観が必要になる。一人も死んでは嫌だということならば、米軍にも出ていってもらって、手を挙げるしかないのでしょう。ただ、現実に米軍基地が全部なくなるのは難しいことだし、その影響がどうなるかも考える必要がある。だから、どこでどういう秩序を考えるのか、そこが大事なのですね。中国のやることをどこまで我慢できるのかという、そこですよね。大きな構造は、そういうことになってきているのじゃないかと。

日本にとって守るべきものは一体何なのか

加藤　日本にとって守るべきものは一体何なのか、私がいつも思っていることです。例えば、冷戦時代であればソ連の核の脅威があったわけですから、領土とか国民を守るということに納得はでききました。でも、今は何を守るのだろうかという、国民の間のコンセンサスがないように思います。
　アメリカは何を守るかといったら、コンスティテューションを守るのだと言うわけです。コンスティテューションとは憲法のことですから、日本がコンスティテューションを守るということになると、それは平和憲法を守るということなのです。日本では憲法体制つまり国体を守ることが国家安全保障の最大の目的だとは誰も言わない。みんな、国民の生命・財産を守ると言っているのですね。でもそんなことは、警察・消防の役割ではないでしょうか。

柳澤　それでいったん戦争になれば、そんなことはできないのです。つまり、国民の生命・財産の消耗にどこまで耐えられるかで戦争の勝敗が決まるのであって、そこは軍事力の目的とはおそらく違っているのだろうと思います。ＰＫＯも同じことで、国民である自衛官の命をコストにして何を達成するか、そこが見えてこない。何を守るのかという時、それは国民の生命・財産ではない。おっしゃるように、それは軍隊の仕事ではもともとないのだろうと思うのですね。

加藤　第二次世界大戦では間違いなく、天皇制の護持と引きかえに我々は連合国に手を挙げたわけですから、守るべきは国体すなわち天皇制だった。今その意味で、守るべきは天皇制というふうに、国民のコンセンサスは得られるのでしょうか。あるいは、平和憲法を守るためなら、護憲派も含め国民は言葉そのままの意味で自分の命を差し出せるのでしょうか。

柳澤　この間、講演したあとに「非武装中立は現実にあり得るのじゃないか」という質問がありました。その時、ふと思ったんです。非武装中立というのは、果たして憲法を守るということなのかなと。非武装中立というのは、守り方の戦術の問題として言っているのか、非武装であることを守るべき価値として言っているのか、ということですね。どうなるにせよ、何かを失うことによって、何かを守ることだと思うのです。それは武装同盟強化路線の場合でも同じことが言えるのであって、何を失ってもよくて、何を守らなきゃいけないかという問いが、我々が直面していることだと思うのです。「守るべきは主権です」ということになったら、相手の少しの主権侵害も許せなくなって、戦えば命を失う場面も生まれるわけです。一方、「守りたいのは命です」ということなら、主権や独立を失っても命のほうが大切ということになる。

伊勢﨑　非武装中立と言っても、主権が侵された時は、やっぱり立ち上がるのでしょう。竹槍ででも。交戦として国際人道法に則って。

加藤　日本人にとって戦後、平和というのは、身体的な意味での安全を守ることでしかなかったのです。ところが世界中で、そういう平和観を持っている国はそんなに多くない。例えばイスラムの人たちにとってみれば、間違いなく神の平和です。別にイスラムとは限りません、一神教の人たちの中でも、いわゆる原理主義の人たちは、イスラム教であれ、ユダヤ教であれ、キリスト教であれ、神との契約の中でそれを守ること、それが守られている状態が平和なのです。その場合、自分が死ぬか死なないかはあまり関係ない。それから、心が平和であればそれで十分ですという、そんな平和観を持つ人たちだっているでしょう。こうしてみんな平和観が違うものだから、日本人の中でもそれがだんだんばらばらになり始めたのじゃないでしょうか。平和に関するコンセンサスがなくなっている。

でも、日本人にとって一番強固なのは、やはり自分たちの生命・財産の安全なのです。自分たちのというか、厳密には自分の安全ですね。生命・財産をとにかく守るということです。その思いが強固なために、世界中の人もみんな同じだろうと思っているから、話がかみ合わなくなってくる。国際貢献の話だって、自分の生命・安全を投げ捨てても自己犠牲で行く人が他国のＮＧＯの中にはいるわけですが、日本人はその気持ちをなかなか理解できないでいる。

ロシアとも対等に交渉できるノルディック・ピースという外交文化

伊勢﨑　柳澤さんが、冷戦下にある政府の重要なポストに就かれていた時見ていたソ連とは、こちら（西欧陣営）側から見たソ連じゃないですか。

柳澤　はい。こっち側の。

伊勢﨑　他方、反対の側から見たソ連もあるわけですね。例えばノルウェー。ソ連と直《じか》に接しているわけです。一方、ノルウェーはNATOの一員でもあり、実際、アフガニスタン戦に派兵しています。地政学的には、まさにバッファー・ステート（緩衝国家）。東西冷戦の両陣営の板挟みのような国です。

同時に、ノルウェーを中心にした北欧諸国は、ノルディック・ピース（北欧的平和均衡）という、ちょっとへんてこりんな外交文化が支配している、と言われています。実は、このテーマでノルウェーの学生の博士論文を指導したばかりなんです。

歴史上、北欧諸国は一六世紀ぐらいから血みどろの戦いをやっていたのだけれど、スウェーデンからのノルウェーの分離独立が平和裡《り》に達成されたり、デンマークはドイツとの歴史的係争地を住民投票で決着したり（シュレースヴィヒ＝ホルシュタイン問題）、フィンランドとスウェーデンは係争地のオーランド諸島問題を国際連盟の「新渡戸《にとべ》裁決」で解決したり（新渡戸稲造《いなぞう》は当時、国際連盟事務次長）、戦争の積み重ねもあるだろうけれども、いろんな係争、紛争の解決の積み重ねが、この地域に文化的なコンセンサスを生んでいるということなのです。つまり、戦争をしたらどうなるかということが文化として継承されていると。

これ、ほんとかな、と思うような話なのですが、どうもそうなのです。ノルウェーなどは、アフガニスタンに参戦すると同時に、当時から、イスラム系の難民を積極的に受け入れていますが、当然、民衆生活の中では軋轢《あつれき》も起こるわけです。経済状態も悪くなると排他的なナショナリズムも、それを煽る政党も出てくる。しかし、そういうナショナリズムは、北欧諸国間の武力紛争には〝絶対〟発展しないという〝自信〟が定着しているのです。

そのノルウェーが、地下・漁業資源が豊富で、かつロシア海軍にとっては戦略的に重要だったバレンツ海と北氷洋における領有権問題を、二〇一〇年、ロシアと中間線の確定で合意したのですね。両政府は、お互いのナショナリズムを抑制するために、世論があまり注目していない時に根回しして、共同記者会見の席上で唐突に発表したそうです。

その点で、二〇一六年一二月の日露首脳会談などは最悪でした。北方領土をどうするかでメディアが煽りに煽っていた中では、まとまるものもまとまりませんよね。だけど、ロシアはノルウェーとはそれができるのに、なぜ日本とはできないのか。このバレンツ海裁定を見ると、問題はロシア側ではなく、日本側にあるのではと思えるのですが。

とにもかくにも、このノルディック・ピースのような外交文化が北東アジアにも生まれてほしいのですが、ちょっとまだ無理かな、と。

柳澤　なぜなら文化が違うからということでしょうね。それでは何の答えにもなってないのでしょうが。

自由と民主主義の限界と複数の文明的秩序観の共有

加藤　だけどそこから答えを出そうとしているのが中国ですよね。中国の昔を見てみろ、アジアには華夷秩序があって、中国による平和が保たれていたじゃないかと中国は今主張しているわけです。中国側はどうもそういうイメージで国際秩序を見ているという気がするのです。果たして、その中国の主張を我々が受け入れられるかということです。

柳澤　そうなのです。だからほんとに耐えられない限度を我々はまだ見ていないのだと思うのですね。

伊勢﨑　見なきゃいけないですかね。

柳澤　いや、いや、だからそこが、どこまで我慢しなきゃいけないかが分からないところがあるでしょう。

伊勢﨑　少しぐらいの衝突は必要ですかね。ノルディック・ピースも、数々の戦争の後に生まれたように。

柳澤　衝突が必要というとちょっと違うけれども、そうなのかもしれない。結果として、より良い平和のための戦争であったということになるのなら。しかしそれはやはり「無駄な戦争」になるのでしょうね。

加藤　日本がアメリカに全面的になびいたのは、二発の原爆によるものです。あれでみんな精神的にもぺしゃんこになってしまって、あとは言うことを全部聞きますと言って今に至るわけです。ですから、同じようなことが中国に対しても起こりうる可能性はある。それを防ぐにはどういうことが必要かは分かりませんけど。

柳澤　ただ、中国が三〇〇〇年前に遡った話をしても、そこのところはどう受け入れたらいいのということになっちゃうのだろうね、多分。

加藤　三〇〇〇年も続いた秩序があるということは、逆にそれはものすごく安定しているからだろうという話ですよね。

柳澤　それを西欧列強が侵してきたのは、せいぜい二〇〇年かそこらでしょうということですか。

加藤　もう一度持ち出しますが、中田考の『カリフ制再興』によると、イスラムは誕生してから今日に至るまで、世界中の文化を超えて広がって、それなりの秩序を形成しているじゃないかと主張しています。これは圧倒的に安定的な秩序だというのです。だからみんながイスラムに帰依すれば、それ以上に安定的な秩序はできない、と。

それと、我々が考える一つの基準となっているのは、いわゆるヘーゲル流の歴史進化論ですよね。歴史はずっと進歩していて、国家にも理性があってという。だけど、そんなことはあり得ないだろうという視点で歴史をながめてみると、近代化ということの意味が違って見えてくる。我々は中国のことを遅れていると捉えているけれど、実はそういう思考が悪しき近代化の毒素に冒されているのだというような話になってくるのです。フランシス・フクヤマが『政治の起源』（The Origins of Political Order）の中で言っているのは、世界中で最初に政治の近代化を行ったのは中国だということです。それは秦の始皇帝が最初だと。そうなると、中国は最も近代的な国家だという話です。だとすれば、我々も中国流の近代化に参加しますかということになる。それをみんなが納得するかどうかは分かりませんけどね。

柳澤　自由と民主主義というのが最良の政治システムだという、そういう認識の下に我々もいるのだと思うのです。けれども、それを武力を使ってでも広めるのだというところで、アメリカは失敗しているわけですね。おそらく中国だって、武力でそれを広めようとすると、やっぱり失敗するのでしょう。だから、お互いの秩序観の共存というところが、次に人類が進む知恵なのだろうか、としか言いようがないのですけどね。

異文化の流入を許容できるか

伊勢崎　中国は今のところ、まだ「武力」は使ってないでしょう。

柳澤　そうですね。今のところ警察力を使ってという感じでしょうか。

伊勢崎　例えば、もう中国抜きでは成り立たない「アフリカ大陸」の現状があります。中国は、もちろん当該政府に対して軍事支援はしていますけれど、中国自らが進軍して軍事占領みたいなことはしていません。武力の直接的な行使は、国連ＰＫＯへの派兵以外やっていないのです。アメリカと比べたら、非常に平和的な介入ですね。東シナ海についても、かつて欧米諸国がやったことに比べたら、非常に非軍事的にやっていますよね。

柳澤　そうですね。

伊勢崎　で、何がいけないのでしょう。

加藤　いつの間にかチャイナ・タウンになっていたという。

柳澤　でも、いつの間にかなっている分には、これは抵抗のしようもないし、しようがないのだろうということですかね。

加藤　いや、それを受け止められるかどうかという話ですよね。そうした異文化の流入を受け止められなかったのが、トランプを支持したヒルビリーの人たち。合法、非合法は別にしても、いつの間にか隣に中南米の人たちが住みついている現実を受け止められない。これはイギリスのEU離脱も同じです。いつの間にかルーマニア、ハンガリーの東欧の移民が住みついて東欧タウンができた。ここでは英語も通じない。それに耐えきれないというイギリス人が増えて、結果EU離脱につながったわけで。

柳澤　でもそういうのは、親元の国と戦争をすることによって解決できる問題じゃないですよね。

加藤　全然そういう話じゃないのです。だからトランプのようにメキシコとの間に壁をつくるしかないという話になってくる。でもそんなことしたって、あんまり関係ないです。

日本のアイデンティティーを求めて

柳澤　そこでもう一度、何を我々は今ここで議論しているかと言えば、日本が守るべきものは何だろうということですね。

伊勢﨑　守るべきものは必要なのでしょうか。無理につくってまでも。

柳澤　それは自然に出てくるものと思うのです。そういうものでなければならない。自然に出てくるがゆえに、コミュニティーで、共同体で協力して何を守るかという発想が出てくるのだと思うんです。だけど、今の日本にそれほどの国家像はない。今の生活に満足しているわけでもない。しかし、少なくとも、戦争をしてはいけないという、その時代意識だけはまだ残っていると思います。ただそれは、「してはいけない」というものであって、何かをするというアイデンティティーではない。

伊勢﨑　「戦争してはいけない」というのがコンセンサスとして広く共有されているけど、九条が抑止してくれていると護憲派が思っている「戦争」は、九条ができるずっと前、パリ不戦条約から違法化されています。それは国連ができてから更に厳しくなっています。だいたい国連憲章ではまだ日本が敵国であるという「敵国条項」がありますので、九条が存在しようがなかろうが、日本はそういう「戦争」を最もやりにくい国なわけです。

じゃあ、日本がしてはいけない戦争って何なのか。「自衛権」の行使も国連の集団安全保障も、程度の差はあれフツーの国と同じことをしっかりやってしまっている……。観念的な非戦が先行し国家のアイデンティティーになってしまっているけれど、あらざるべき戦争の定義が観念的だから、現実、戦争していないかどうかの区別がついていない。それが日本人でしょう。

柳澤　そうかもしれない。まあ、自衛隊はＰＫＯでまだ一発も撃ってないから。まだかろうじて「してない」と言っていいのかもしれないけど。

伊勢﨑　ただ、それは、日本の、日本の国内世論だけに向けた言い回しで、自衛隊は撃たなくても、同じ国連ＰＫＯの例えばケニア部隊が撃てば、戦時国際法・国際人道法上では、自衛隊も「一体化」した存在として見られる。つまり、敵から見れば、ケニア部隊と同じように、自衛隊も同法上合法的な交戦目標になる。つまり「紛争の当事者」になるのです。

柳澤　米軍がベトナムの爆撃をしていたって、それが違法な侵略であるとすれば、国連総会の「侵略の定義」決議によれば、米軍に基地を提供することも武力行使に当たるわけですね。侵略の一部なのですね。

伊勢﨑　自衛隊が交戦しなくても、我々日本人は税金を払うだけで侵略者だったわけです。

柳澤「しない」というアイデンティティーによって、俺はしてないと思い込んでいるけれど、実はひどいこともしてしまっている。逆に、「する」アイデンティティーは何だと言ったら、アメリカの同盟国として、より立派な同盟国でありたいというところから出てくる。だから「する」場合は、いつも自衛隊を出す話になる。つまり、「する」アイデンティティーは、どうもアメリカとの関係でしか構築されていない。実務官僚としてはそんな印象を持つのですけどね。

加藤　私は、戦後築き上げた平和天皇というか、平和主義に基づくある種の天皇制というものは、肯定できると思っています。今上天皇が護持する平和主義に基づく憲法体制、これを日本の国体とするということは十分可能なわけです。

柳澤　今上天皇がおやりになっているのは、戦争の歴史と向き合って、戦争をもう一度心の中で整理するようなことですね。それが戦後の日本人の感覚とも合っていたのだろうと思います。

自衛隊は自分たちを否定する憲法を守るために、命を捨てる覚悟はある

柳澤　私は、「何かしろ」と護憲派の人に言う時には、ちょうど政府は国民の生命・財産を守りますという言い方をしていて、護憲派が立憲主義を守ると言っているから、立憲主義って何だと問いかけることにしているのです。立憲主義というのは、自分の国の軍隊が何をするかを責任を持って決めることなのです。そして、国民として主権者として自衛隊にこういうことをやれと付託した以上は、起こる結果について国民も責任を持てということなのです。翻って、自衛隊員も日本国民であって、誰かの息子であり誰かの夫であるわけで、そういう人たちの命をあなたたちがどう受け止めるかということなのですと。その上で、少なくとも最低限の道徳

律として、自分がしたくないこと、自分がしてほしくないことを自衛隊員にやらせるのは不正義だろうという観点で、お話をしています。

そこまで覚悟があるのだったら私はとめないけれど、そうでないならば、護憲派も改憲派も、自衛隊がやることだから俺は知らんということではなくて、主権者たる国民としてその自衛隊員の犠牲をどう受け止めるか、人間として、そうさせた自分を許せるのかが問われるのですよと、そういう言い方をしているのですね。一言で言えば戦争の内面化です。

それはどちらかというと、やらないほうにバイアスはかかっているわけですね。私は、新安保法制に基づく自衛隊の任務はやるべきでないものだと思っているから。しかし、しからば何をするのかというと、なかなかそれが見えない。ただいずれにせよ、安倍首相に対するヘイトスピーチみたいなことをして、ただうっぷん晴らしをしているのじゃなくて、そういうところをもっと勉強して考えてください、そうでなければ、自分の生き方の問題として根源的に捉えられないと、そう思うので。

伊勢崎　何となく分かります。

柳澤　ですから私は加藤さんほど強烈に、民間人が丸腰で戦地に行けとまでは、言えないのです。

加藤　そんな強烈なことを言っているつもりはないのですけどね。
伊勢﨑　強烈です（笑）。これまで赴任した紛争調停の現場では僕は丸腰でしたけど、武装警護が付いていましたからね。
柳澤　だからそこは、あえて過激だと申し上げるのは、やっぱり私は正直に言って、自分自身が南スーダンに行く意味も認めないし、行きたくないわけですよ。だから、護憲のために民間人が丸腰で行けと言って、それを人に強制するという気持ちにもならないわけですね。
加藤　いえ、強制はしません。率先垂範で役に立つ限り私は行きますけど。
伊勢﨑　僕も、ちゃんと頼まれて、ちゃんとした報酬と保証がなきゃ行かないですよ。今までもそうでしたし。
柳澤　加藤さんがそれを強調するのは、護憲の意欲ですか。それとも世界平和、あるいは人道的な目的なのですか。
加藤　いや、いや、そんな大きな理念ではないのですよ。単純な話です。要するに、それだけ平和、平和と言うのだったら、それを実行したらどうですかということです。有言実行、それが私の倫理の原点です。私ができる範囲はこれだけのことですということでいいのであって、ただそれだけのことですから、あんまり大きなことを言うつもりはないのですけれども……。

柳澤　いや、かなり大きなことを言っています。だからそこで加藤さんの論理になっているのは、世界平和が大事だと思うのであれば、そしてそこに軍隊を使わないのであれば、やはり自分が行って何とかしなければいけないだろうということですよね。

加藤　ええ。自衛隊を出すなとか、何も言わなければ、そこまでは求めないのですよ。しかし、言ったからには、自分で責任を取ってくれという話です。

柳澤　鉤括弧《かぎかっこ》付きの「護憲派」の人たちが言っている「憲法を守れ」ということは、何もするなということでしかないということですね。

加藤　それでは憲法を守ることにはならないだろうということです。だって、自衛隊は自分たちを否定する憲法を守るために、命を捨てる覚悟はあるのですよ。そのために宣誓もさせられています。同じように護憲派も、憲法九条を守るために命を捨てる覚悟をしろと言っている、それだけのことなのですけどね。

柳澤　それが過激じゃないかな、やっぱり（笑）。

加藤　いや、だって自衛隊員にも同じことを要求しているわけですから。

柳澤　つまりそこは、今の議論が、命を守るために何が必要かということになっているからだね。命よりももっと大事なこと、命を賭けても守るべきものは何かというところがないから。

加藤　それこそが憲法九条じゃないですか。

憲法九条で自衛隊の部隊派遣を運用する根源的な矛盾

伊勢﨑　自衛隊のような「部隊」、つまり兵士個人の意思を指揮命令系統が凌駕する組織の意思と、民間人の参加で問われる個人の意思の話は、明確に区別しなければならないと思います。自衛隊派遣は国家の意思です。

例えばPKOのことを考えても、通常、南スーダンのように一つのPKOミッションには、四つの部門があります。一つ目がPKO部隊、二つ目が文民警察、三つ目が軍事監視団、四つ目が文民・政務官です。このうち、後ろの三つは個人、つまり国連の被雇用者として個人に給料が支払われます。対して最初のPKO部隊では、個人は〝数〟にすぎません。国連から払われるのは国連償還金というもので、これは兵隊個人にではなく〝数〟に応じて派遣する国家に支払われるのです。もちろん自衛隊はこれに該当していて、日本政府に支払われています。

ここに、憲法九条で自衛隊の部隊派遣を運用する根源的な矛盾があります。お分かりになります？

文民警察も武装していますが、参加は個人の意思としてなのです。報酬もその個人がもらう。

そこで、業務上の過失を犯したら個人の刑事責任が問われます。ところが、兵士の過失は、個人の刑事責任ではなく、部隊派遣国の軍規の責を問う問題となります。

ここなのです。問題は。自衛隊の場合は、国家としての日本の軍規の責を全うする法体系を持っていないのです。日本という国家は、〝給料〟を横取りしておいて、国家の命令で行かせた自衛隊員が過失を犯した時に、その責を自衛隊員個人に負わせるのです。

護憲派は、個人の意思で――現場の足手まといにならない範囲で――どんどん行ったらよろしいと思います。しかし、自衛隊派遣の議論に、個人の意思を連関させるべきではありません。これは、国家の意思です。

加藤　もちろん。

今やPKOが先制攻撃まで認められる時代

伊勢崎　だから、護憲派の丸腰派遣と自衛隊派遣は、バーターできる問題ではないと思うのです。官民そして経済界も含めてオール・ジャパンとして、自衛隊の部隊派遣以外に何ができるか、という議論にしないと。一番いけないのは、護憲派の思惑通り自衛隊派遣がなくなったとして、そこでおしまいになり、思考停止してしまうことです。それは、国際人道主義が許さないのです。ルワンダ虐殺のあと、国連は激変して、今では、内政不干渉の原則を凌駕してまで当該国の民衆を守れという時代ですから。

柳澤　南スーダンの自衛隊だって、ここまで来たらやめられない。ここまで来たら、むしろ帰ってきちゃだめだという話になっちゃいますね。

伊勢﨑　そうなのですね。南スーダンから自衛隊を撤退せよという人たちは、すべて安倍政権のせいにしていますが、そうじゃない。問題は、停戦合意がなくなって戦闘状態になったら撤収すると定める、一九九二年から変わってない自衛隊の派遣根拠になっている日本のPKO派遣五原則です。ルワンダ虐殺当時ならともかく、今は国連の考え方が一変していて〝撤退しない〟のですから。

加藤　でも、思い切って撤収する手はあるのです。なぜ南スーダンに自衛隊が必要なのかということです。なぜシリアへは行かないのか。

伊勢﨑　シリアは、まだ国連が手出しできる状態ではありません。今は、アサド政権を支援するロシアが優勢な代理戦争の戦場です。実際、ロシアが進めるアサド政権と反政府勢力の停戦工作には、アメリカはもちろん、国連もがツマはじきにされています。

加藤　だから手出しができるところだけで手出しをするというのが問題だと思います。南スーダンにＰＫＯが派遣されているのは、それなりの各国の思惑があるからですね。

伊勢﨑　はい。ＰＫＯ派兵は、集団安全保障、もしくはグローバル・コモンズ（国際公共財）の追求でありながら、派兵各国の国益追求の思惑が支配しています。それらはまず、外貨である国連償還金稼ぎです。発展途上国にとってですね。次に、国連の場で国のイメージを良くしたいというものです。軍政から民主化に向かったような国、例えばインドネシアなどがそういう国ですね。これは最近の中国もそうかもしれません。

そして、敵対する隣国同士が国連外交で高い評価を得ようとするのは、インド、パキスタンがそうです。最近では、とりわけアフリカの紛争では、当該国の周辺・隣国が、地域政治の既得利権、そして大量の難民流入や非合法武装勢力の越境活動を阻止する、つまり「自衛権」の感覚で、ＰＫＯ部隊の主力戦力となっています。昔なら、周辺国の参加は、国連の「中立性」を損なうものとして忌諱《きき》される傾向がありましたが、今は、ＰＫＯが「紛争の当事者」として住民の保護のために交戦する時代です。今やＰＫＯが先制攻撃まで認められる時代になりましたから、より〝真剣〟に戦ってくれる戦力が求められることもあり、周辺国の参加は、ＰＫＯミッション設計の前提になっています。

ＰＫＯ参加の自衛隊は勝手に日本人を助けに行けない

柳澤　一方、日本の思惑ははっきりしていて、自衛隊が唯一派遣されていたゴラン高原のＰＫＯが終了し、自衛隊が参加するＰＫＯがなくなってしまって、それをゼロにはできないというのが出発点だったのです。ところが、事態がここまで深刻になってしまって、民間人から助けを求められれば、助けないわけにいかないよ、当たり前だろうということになっています。

加藤　私、いろんな場所で言うのですけれども、民間・ＮＧＯの人が、自衛隊に助けてもらわなくていいと言えば、済む話なのです。

柳澤　日本国際ボランティアセンター（ＪＶＣ）などはそういう立場ですね。

加藤　この前、ＮＨＫの番組で、そう言っていましたね。自衛隊が来たらかえって危ないと。

伊勢﨑　気持ちは分からないでもないけど、それ、根本的に、おかしいです。何度も言いますが、自衛隊は国連地位協定の統制下にあります。別に、日本政府は南スーダン政府と二国間の地位協定を結んでいるわけではありません。国連ＰＫＯ司令部は、これを担保に各派兵部隊に指揮権を発動します。自衛隊もＰＫＯ司令部の指揮下にあるのです。

もし、自衛隊が勝手に判断して日本人を助けに行って、そこで事故を起こしたらどうなるか。

国連は国連地位協定で、南スーダン政府に、訴追免除の特権を了承させているのです。その手前、司令部がそんな自分勝手なことを許すわけがありません。ましてや、そんな能動的な警備任務を、施設部隊である自衛隊にさせるわけがありません。たとえ、日本のＪＶＣが、日本の自衛隊に助けてほしいと騒いでも、逆に自衛隊にだけは助けてほしくないと訴えても、それはだめなのです。

柳澤　ＪＶＣは民間警備会社を雇っていると聞いています。

伊勢﨑　でしょうね。

柳澤　だから丸腰でいいとは思ってないのですよね。

伊勢﨑　ＮＧＯの本来の姿は、完全に丸腰なのですよ。例えば「国境なき医師団」とかＩＣＲＣ（赤十字国際委員会）ですね。民間警備会社も雇わないどころか、国連ＰＫＯとの接触にも気を遣います。非武装中立のブランドを徹底させて、それで身を守るという発想ですね。

加藤　だから、日本もそういう部隊を出すべきなのです。

柳澤　実際、「国境なき医師団」が誰に殺されているかというと、米軍なのですよね。

伊勢﨑　そう、そう。アフガニスタンで病院を誤爆したり。アメリカは、戦時国際法・国際人道法違反のチャンピオンです。

柳澤　いわゆるコラテラル・ダメージ（二次被害）は、軍事作戦に伴う単なる偶然の事故という捉え方かもしれないけれども、戦場が国家の所有物だということから言えばそうでしょう。しかし、そこに市民がいて、戦場があるがゆえに医師団が行くわけですから。

加藤　だから私は決して過激なことを言っているわけじゃないのです。そういうＮＧＯがあるのだから、憲法九条を持つ日本で、九条を信奉する人は、他国並みのことをしようと。

伊勢﨑　実際問題として日本のおじいちゃんおばあちゃんがシリアなんかに行ったら、多分誤爆されるでしょうね。そういう人間の盾もありだと思いますが、国連ＰＫＯの現場では、はっきり言って迷惑です。交戦するようになったＰＫＯにも、まだちゃんと、国連の本来の姿である中立な立場で敵対勢力と信頼醸成したり武装解除の説得をしたりする国連軍事監視団（完全非武装の指揮官レベルの軍人で構成される）が健在なのです。この部署のないＰＫＯはありません。お年寄りが武装勢力に拉致《らち》されたら、逆に、交戦する機会が増えちゃうじゃないですか！

柳澤　保護対象が来てしまった、というような。

伊勢﨑　それに、さっきも言ったように、自衛隊とバーターにはできないでしょう。自衛隊は実質的に軍事組織ですから、軍人にしかできないこともある。

加藤　だからバーターにするつもりはないけれども、要するに心意気を見せてくれという話ですよ。

人任せのチャリティーは心の中の免責

柳澤　さりとて、私にはそういう場所に行って貢献することはできないから、「国境なき医師団」などに、ささやかながらせめて寄付はさせていただきますという程度のことです。ときどきやってはいるのですが……。

伊勢﨑　偉いですね。九条の会に呼ばれて講演する機会が多いので質問することがあるのですが、まあ、護憲派は、金を出しませんね。寄付しない。彼らは、僕も尊敬するアフガニスタンで長年活動されているペシャワール会の中村哲さんなんかを賞賛するのですが、金を出さない。なぜ出さないのかと聞くと、「税金をそういうところに使え」と言う。でも、公的資金を受け取った時点でNGOは政府の支配を受け、NGOでなくなるのですからそれは理屈が通りません。中村哲さんのペシャワール会が素晴らしいのは、完全に非政府でやっているからなのですけど。ちなみに、僕も薄給からNGOに寄付していますよ。

柳澤　しかしよく考えてみたら、その人たちは覚悟の上かもしれないけど、自分が出したお金があるから、その人たちはまた危険を承知で行くわけですね。結局、自分がやれないからこんな寄付程度で、とやっていることが、他人の危険を助長しているわけで、それは果たして正義にかなうのかという悩みも感じます。つまらないでしょうか、こういう悩みは。私は結構悩んでしまうのですけれど。

伊勢崎　チャリティーの本質です。それは。

加藤　カントが言ったのだったかな、要するに自分や他人を単に手段として扱うなという話ですよね。それは最低限の倫理だという。さりながら、それを言い始めると寄付する人がいなくなっちゃうから。

伊勢崎　チャリティーというのは心の中の免責ですから。

柳澤　分かる。心の免責なのですよ。だから私は南スーダンには行かないけれど、南スーダンのために頑張っているＮＧＯに多少の寄付をすることはいとわないのですよ。それは放っておけないからなのだよね。結局、人間として。

日米同盟というより、日米同化している現状

加藤　戦後の日本人の対米観って、柳澤さんや私なんかがまさしくそれを実体験してきた世代ですよね。で、反米意識はありました？

柳澤　ないです。ベトナム戦争の頃は、結構、冷めた目で見ていたけれど。ただそれは、アメリカが嫌いだからじゃないのですね。

加藤　一九六〇年の第一次安保闘争の世代の人たちは、多少なりとも反米意識があったかもしれないです。でも戦後生まれの私の世代は、学校教育でいわゆる東京裁判史観と言われるものを植え付けられるかどうかとは一切関係なく、自然のうちにアメリカの文化を受け入れ、アメリカの価値観を受け入れていったわけです。

だから今さらながら、反米とか対米自立と言われてもよく分からないし、私の周りにだって、日本はアメリカから独立して自らの憲法を持ってなんてことを言う人たちはいないのです。若い世代で白井聡のような反米の人がいますが、彼の反米の論理は丸山眞男から始まったものと、基本的に同じです。先祖返りというか、上の世代の人たちが言ったことを若い世代が言ったために、ある意味新鮮に受け止められたわけです。彼の本を読んでみて、フィリピンのような形での反米意識は我々の中に全然ないと感じました。

地位協定の話にしても、実際に基地でいろんな問題が起こっている沖縄では非常にリアリティーのある話ですけれど、本土の人々にとっては何のリアリティーもないです。沖縄のことがいつも無視されていると言われますが、別に無視している意識もないでしょう。要するに意識にも上らないといったほうが正確なので、ここまで一体化した状況の中で日米同盟にどういう意味があるのか、今あらためてもう一度問い直さなくてはいけなくなってきている。

そうすると、逆にアメリカが日本をどう見ているかということに、非常に関心が出てくるのです。これまで一九七九年に初めてシカゴに行って、その後、八五年にはスタンフォード、八九年にはボストン、九三年にはモンタナ、そして最後は二〇一二年にはワシントンで一年間暮らしました。四回、合計四年半の在米生活を通じて日本の盛衰を感じましたが、最後のワシントンでの滞米中には日本の姿はきれいにナッシングになっていました。ある時知人に、「もう日本の姿はアメリカではナッシングだ」と言ったら、「ナッシングなほどに一体化している」と返された。言われてみればそうだと思います。アメリカ人は日本のことなんか気にかけないほどに一体化しているという。

それを信じたとすると、ひょっとすると日米同盟は、心情的な部分で機能するかもしれない。官僚はともかくも、軍人同士の一体化の中で、もしかしたら機能するかもしれない。でもトランプさんのようなビジネスライクな考え方をする人ならば、戦前の日米中関係を見れば分かりますけれども、日中間がトラブルになっている時は米中は一体化しているのですね。戦前の日米の対立は満洲《まんしゆう》や中国の権益の取り合いが原因ですから。そういう意味では私たちは、中国もさることながら、アメリカが日本をどういうふうに見ようとしているのか、見ているのかが分からなくなってしまったのですね。

柳澤　そのナッシングというか、考える対象にならないぐらい一体化しているというのは、私は当たっているような気がします。そうなってしまったのには、長年のアメリカの政策もすごくうまく展開してきたのだと思うのです。官僚をやっていて、とにかく日米同盟維持・強化が最大の政策目標だと信じ込んでやってきたわけですから。ですが、イラク戦争を見ていて、これはちょっと考え直さなくてはいけないという思いを持ったのですけれども、日本全体にとっては疑問の余地がないのですね。従属なんていう言葉では言いあらわせないぐらいに同化してしまっているのですよね。

その象徴が日米同盟なのだろうと思いますが、しかし日米安保条約の条文を読んでみると、必ずしもそうではない。アメリカは日本防衛をするけれど、日本は基地を提供するわけだし、物と人とのバーターのようなところがある。ただ、どこかもう一回考え直さなければいけないとは思うのですが、考え直す「よすが」というか、何をもって考え直したらいいのかがつかみにくいのです。

伊勢﨑　日米同盟というより、日米同化ですかね。僕は、アフガンにおけるＮＡＴＯの戦い方を見てきましたけれど、各国とも喧々囂々の議論をやりますよ。軍事作戦がうまくいかなかったから。みんなアメリカのやり方がいけないと批判して、激しく議論するのです。それが同盟国だとずっと思っていた。ところが日本の場合、そういうことをしないわけですね。同化しているから必要性も感じない。だけど、安全保障環境が激変しているわけで、このままでいいのかっていう話をしてきたし、これからもし続けなければいけませんね。

柳澤　そうなのです。

負の原体験なき日本人にあるアメリカ文化へのあこがれ

伊勢崎　アメリカ自身がテロとの戦いの中で、アメリカがかなわない相手をつくってしまった。同化することによって今までは安心だったかもしれないけど、これからはアメリカのかわりに狙われる想定をしなければいけない。同化が国防上のリスクとして跳ね返ってくる。

柳澤　そう。日本人はまったく予測したくなかったわけですね。韓国なんか、トランプ発言をきっかけにして、アメリカの抑止力が信用ならないから自前の核をつくろうとか、核のボタンを自国に渡せという議論を平気でやっていますよね。日本人はそんな議論が起きる余地がないぐらいに信頼しちゃっている。日本では何をきっかけにすれば議論が起きるのか。

加藤　一八五三年、ペリーが日本に来てから今日に至る日米関係をざっと俯瞰《ふかん》してみると、戦前までは日米間は異化同化というか、あるいは対立・協調の繰り返しの流れの中であるわけですね。それが戦後になって、七〇年以上にもわたって協調が続いてきたのは一体なぜなのか。これは対米従属論だけでは理解できないという気がして仕方がないのです。もしもほんとに従属しているという意識があるならば、もっと早い段階でいろんなナショナリズムに火がついているはずなのに、対米従属論というのは出てきては消え、消えては出てくるという、それの繰り返しで今日まで至っていると思うのです。でも最終的にどうなっているかというと、それを対米従属と言うかは別にしても、やっぱりアメリカとだんだん一体化してきているのですね。これは一体何なのかということです。

私はまだ、日米一体化論の視点から日米関係をきちんと説明した論文に、不勉強ながらお目にかかってないのですけれども、確かに反発はあるのですよ。そんなばかげたことがあるかという。でも日米一体化を何となく日本側が受け止めてしまっているというか、いつも我々の論理で受け止めてしまっているところがあって、アメリカの善悪は別にしても、日本側のほうにこういう関係を受け入れる何らかの素地がある。それは単純に国益の観点から、アメリカから守ってもらうことが日本にとって一番いいのだなんて、そう単純な国益論、功利主義的な判断ではなくて、もっと根深いところで何か一体化するものがあるのだろうかという気がするのです。それは何だろうといろいろ考えてみると、私の結論は、日米同化の象徴はやっぱりディズニーランドではないかと思っているのですよ。日本人にあるアメリカ文化へのあこがれというか、文化的な日米一体化と言いますか。

柳澤　さっき伊勢﨑さんが言ったような、やがてアメリカにかわってテロのターゲットになる日が来るかもしれないなどということは露ほども感じないで、アメリカと一緒にいたことで何も不都合はなかったのですね、これまでは。トランプさんは、アメリカが一緒でなくなるかもしれないという不都合を感じさせて、そこに国民は恐怖を覚えているけれど、アメリカが一緒にいることにどんな不都合があったのかという、原体験がないということですね。

伊勢﨑　そうですね。

加藤　ないですね。本当に。

伊勢﨑　それは幸運だったのでしょう。

柳澤　そう。とは言ってもこれは「沖縄を除く」という話ですけれどね。

伊勢﨑　そこでしょう。日米同化は日米同盟とは違ったステージですよね。一段低いのか高いのか分からないけど、違ったステージ。そして、これからも変わる。

アメリカと中国を両天秤《てんびん》にかけるドゥテルテに学べ

伊勢﨑　加藤さんはアメリカの文化と日本の文化の同化と言われましたが、僕はフィリピンに毎年行っているから、フィリピンの文化はよく分かるのです。あそこはアメリカそのものです。大統領選のメディア的な熱狂とファッションも含めて、まさにアメリカなのですね。歌もジャズもまさにアメリカ。アメリカン・イングリッシュの浸透度も含めてそうです。だけど同化はしていない。

日米同化というのは、果たして誰かのグランドデザインによるものなのか、それともたまたまそうなったのか。決定的なのは、米軍のプレゼンスが、沖縄に集中したということでしょうね。米軍と一緒にいる不都合の原体験が封印された。これは、誰かのグランドデザインだったのでしょうか。

柳澤　やっぱりアメリカの政策がすごくうまく機能したのでしょうね。ただ、それだけでは説明できない。日本のアクセプター（受入側）のほうの問題は何かということですね。

加藤　フィリピンからドゥテルテ大統領が出てきた段階で、国によって同盟のあり方が違うことを考えさせられました。二〇一六年、彼は北京を訪問し「軍事的にも経済的にもアメリカと訣別《けつべつ》する」「今後長い間、中国が頼りだ。中国にとってももちろん利益があるだろう」とスピーチしてアメリカをあわてさせました。以前は、もしもアメリカが尖閣で日本を助けなければ、日米同盟が機能しないということになって、フィリピンをはじめとする他の同盟国の信頼を失うと言われていた。

柳澤　そうでしたね。信憑《しんぴょう》性が失われてしまうと。

加藤　ところが現在、違う話になってきているでしょう。ＮＡＴＯに目を向けても、同盟の信憑性云々《うんぬん》といったところで、すでにロシアがクリミア半島を併合しても、アメリカは手を出せないでいるわけですし、ましてや中東では同盟の話なんて全然関係なくなってしまっているわけです。そういう状況を踏まえた上で、中国の問題をどう考えるかという話なのだろうと思います。

柳澤　ドゥテルテはすごく興味深い人物なのですけれども、要するにあれはアメリカと中国を両天秤にかけているのです。そうして、フィリピンと中国の間で問題となっていたスカボロー礁の周りで魚をとらせてくれるよう、中国にお願いするという方針ですよね。そういうやり方もありなのですよ。同盟国の方針によってはね。だから日本ももっといろんなメニューを考えたらいいいと思うのですけれどね。

もはやスーパー・パワーになった中国の存在を冷静に認識せよ

伊勢﨑　尖閣は単なる領土問題ではなく、中国にとっても、日本にとっても、まさにナショナリズムの問題なのですね。日本側で、ナショナリズムを制御するには、単に護憲派が非戦・平和を題目として叫べばいいってことではない。いや、叫べば叫ぶほど、ナショナリズムは元気づいてしまう。

ではどうするのか。それはもはや帝国主義的なスーパー・パワーになった中国という存在をどう我々が日本の世論にプレゼンするかに尽きると思うんです。それには二つあると思うのです。

一つは、先ほども言ったことですが、歴史的に、超大国としての中国は、あくまで他の超大国との比較ですが、見事に非交戦的です。特にアメリカに比べたら。国際法はそれなりに遵守していいます。そこは、脅威の優先順位を付ける際に、一つの材料として捉えなければならない。

柳澤　戦争に関してはね。

伊勢﨑　戦争に関する国際法レジームに関してはです。

もう一つは、中国の抱える問題は尖閣問題だけではありません。日本人はここからしか中国を見られませんが、中国の抱える他の問題は、地球規模の脅威になるのです。

現在、アフリカ、特に中央、東アフリカの資源、経済市場は中国の独擅場《どくせんじょう》です。一九八〇年代後半からアフリカにいた僕は、この黎明期を目撃しております。そして、二〇年余り続いたスリランカの内戦において、その終結と和平交渉に欧米社会がやっきになっている隙にちゃっかりスリランカ政府に肩入れし、反政府ゲリラ「タミール・イーラム解放の虎（ＬＴＴＥ）」を殲滅させ、その褒美に、この島国の南端のハンバントタに軍港をつくってしまいました。

一方で、中国は、パキスタンを「陸の回廊」にすべく、歴代政府との間でブレない支援関係を構築してきました。中国が世界資源戦略を円滑に進めるために、シーレーンの確保とともに重要なのがカラコルム・ハイウェイ（新疆《しんきょう》ウイグル自治区からパキスタンを結ぶ）からインド洋に出るシルクロードだからです。

また、隣接するアフガニスタンにおけるイスラム勢力の過激化は、イスラム系住民で占められる新疆ウイグル自治区へ影響を及ぼしており、すでにＩＳ（イスラム国）が侵入しています。そして、チベットをはじめとする少数民族問題は中国にとって国家の根幹を揺るがしかねない頭の痛い問題です。一つの民族独立運動が勃興して他の民族に飛び火していくことを中国政府は非常に警戒しているのです。

「タリバンとの政治的和解」という選択肢において、タリバンを支援してきたパキスタンは依然大きなカードを握っています。そのためにパキスタンの首根っこをどう押さえるかは、アメリカの頭痛の種でした。そのパキスタンと関係の深い中国は、現在、アメリカの対テロ戦略にとって、頼らなければならない相手なのです。現在、国際社会が固唾《かたず》を呑んで見守るタリバンと対峙する外交フォーミュラは、アフガン政府、パキスタン政府、アメリカ、そして中国の「四者会議」なのです。ここに日本のプレゼンスなどありません。

一方、陸の回廊パキスタンの南端のグワダル港は、実質中国の軍港です。地図を見てください。バングラディシュのチッタゴン港への投資とともに、「海のシルクロード」の完成です。同時に、領土紛争を抱えるインドを見事に軍事的に封じ込めています。

たとえ、シーレーンが使えなくなっても、パキスタンのグワダル港を使えば、直接アフリカ市場、アラビア海にアクセスできます。その上部には、遠く黒海、カスピ海の石油市場にアクセスする、中央アジアを突っ切るパイプラインが引かれています。

別に中国を讃《たた》えているわけではありません。ただ、スーパー・パワーとして認識せよ、と言っているのです。中国がくしゃみをするだけで、アフリカ大陸が風邪を引く、つまり地球規模の人道的危機を引き起こすし、アメリカの対テロ戦略を左右する、それくらいの影響力があるのです。

歴史的な経緯もあり、「中国だけには負けたくない」「癪《しゃく》にさわる」と思うのは、しょうがないことかもしれませんが、ここを冷静に見る視点をうまく日本社会にプレゼンする必要があります。過度なナショナリズムを制御するために。

日米同盟の再考は、国民意識の変革につながる根本的な問い

柳澤　ええ。だから同じナショナリズムでも、民族アイデンティティーの違いによって、いろいろな出方があるのかもしれない。ドゥテルテのフィリピンは、日本と同じアメリカの同盟国で、同じ最前線に位置して、同じ米軍基地を置いているのに、違う出方をしているわけです。それで、何が違うのかというと、結局フィリピンにあるのは、アメリカに植民地支配されたルサンチマンですよね。それがナショナリズムの中にインプットされている部分があると思うのです。

伊勢﨑　実際、一九九二年に米軍を追い出しましたからね。

柳澤　はい。だからこそドゥテルテのようなものの言い方が出てくると思うのです。

ところが日本は戦争に負けて、同じように占領されたのだけれど、それを受け入れてしまっている。むしろ日本が中国を見る時に、かつて自分のほうが上だったという、大国としてのノ

スタルジーがあるわけでしょう。要するに、大国に支配されたルサンチマンでナショナリズムが形成されるか、大国であったノスタルジーでナショナリズムが形成されるかという、そういう違いがあるのじゃないでしょうか。そうすると、実は相手をどう見るかという時、実際に問われているのは、自分が自分をどう見ているかということかもしれないですね。結局そこが問題になってくるのですね。

日本の場合、アメリカに従属することがあまりにも当たり前のことになってしまっている。その国民意識に乗っかったまま、かつての大国としてのノスタルジーで政策を進めていこうとしているところに、現実のいびつな矛盾が出てくると思うのです。中国には独力で全然太刀打ちできないのにもかかわらず、国民意識によってノスタルジーの政策が正当化されている部分がある。

だから、日米同盟を今後どうするのかということは、国民意識の変革を必要とする大きな仕事なのだと思います。

結びにかえて——同盟というジレンマ

柳澤協二

同盟がミサイルを抑止するという論理

安倍晋三首相は、今年（二〇一七年）二月一四日の衆議院予算委員会で、トランプ大統領と親密になりすぎるとの批判に対して、こう答えています。

「北朝鮮のミサイル発射の際、共同で守るのは米国だけだ。撃ち漏らした際に報復するのも米国だけだ。トランプ大統領が必ず報復するとの認識を（北朝鮮に）持ってもらわないと冒険主義に走る危険性が出てくる。日本としては、トランプ大統領と親密な関係を作り世界に示す選択肢しかない。」（毎日新聞二月一五日付）

これは、伝統的な「同盟による抑止」、アメリカの側から見れば拡大抑止の理論です。しかし、あらためてこのようにあっさりと言われてみると、そのように単純な問題なのか、という疑問が生じてきます。以下、論理を追って考えてみましょう。

まず、「ミサイルから共同して守るのは米国だけだ」という認識ですが、それは、日本のミサイル防衛のための装備が米国の原産であり、また、早期警戒情報などを含めて、米国の情報・指揮通信システムに組み込まれる形で運用されていることから、当然のことです。むしろ、そのようなミサイル防衛システムを日本が選択し、アメリカが供与したことに意味があるので、アメリカが防衛するかどうかという意志が問題ではないということです。

次に、「撃ち漏らした際に報復するのも米国だけだ。」というのもその通りなのです。なぜなら、日本には、北朝鮮に報復して国土を壊滅させるような装備も能力もありません。そのような日本の能力が及ばないところは米国に依存するというのが、日米同盟における基本的な役割分担とされています。ですからこれも、当然のことを言っている。

ただし、ここで見落とされている重要なポイントは、「撃ち漏らした」時には「日本にミサイルが着弾している」ということです。「だから報復する。お互い様だからいいではないか」ということであれば、軍事的には、つじつまが合います。しかし、ミサイルは落ちてしまっているのですから、「すべての国民を安全なところに避難させますから大丈夫」と言わなければ、国民としてはつじつまが合いません。しかし、どこに向かうかわからないミサイルからすべての国民を避難させることは不可能ですから、論理を完結させるためには、「何発かのミサイルは落ちてくるとしても、そんなことで国は亡びないから、耐えましょう、耐えて報復しましょう」という言葉が必要になります。

現実には、多分そんなことはとても言えない。だから、「ミサイルは飛んでこない」という結論が必要になります。そこで、「報復による抑止が効いているはずだ」という説明になるわけです。「その（米国が報復するという）認識を北朝鮮が持たないと、冒険主義（この場合は、日本に対するミサイル攻撃という意味）に走る危険性がある」ということです。

ここに論理の盲点があります。この論理は、「北朝鮮は、アメリカの報復を恐れてミサイルを撃ってこない」という前提に立っています。しかし、それは、誰が保証するのでしょうか。安倍首相とトランプ大統領がフロリダでゴルフをして緊密さをアピールしていたまさにその時、北朝鮮は、黄海に近いところから日本海に向けてミサイルを撃ってきました。

もちろん、北朝鮮の究極の目的が自らの体制の維持にあることは明らかですから、体制の崩壊につながるアメリカの報復を招くような攻撃はしない、と考えることは一理あります。でも、もし彼らがアメリカの報復がないと考えた場合、あるいは報復があっても地下シェルターにこもって生き残ることができると考えた場合には、攻撃してこないとは言い切れません。

つまり、アメリカの報復による抑止という命題は、論理として一〇〇%証明できるものではない、ということになります。それは、その時のアメリカの報復の意志と北朝鮮がどう認識するかという、計算不可能な心理的要因によって左右されるからです。

そこで、アメリカと仲良くしなければならない、アメリカにとって報復に値する有益な同盟国でなければならないという発想が生まれてきます。しかし、アメリカが必ず報復してくれるという期待は、事柄の性格上、どこまで行っても確実になることはありません。それが、「同盟による抑止」の論理に内在するジレンマだと思います。

まして、北朝鮮は、アメリカによる体制への攻撃を抑止しようとしてアメリカに届く核ミサイルの開発に必死です。仮に北朝鮮がアメリカ西海岸に届く核ミサイルを保有することになれば、アメリカの報復は、もっと慎重にならざるを得ないでしょう。たった一発であっても、自国の都市が核で壊滅するリスクを冒すことは極めて難しい選択です。

安倍首相は、防衛費増額の努力と安保法制による作戦面での対米協力を進んでアメリカに申し出ることによって、アメリカの日本防衛の意志を確認しようとしています。それは、生半可なことではアメリカはいざという時に日本を守ってくれないという不安の裏返しでもある。こういうやり方で安心を得ようとすれば、繰り返しゴルフもしなければならなくなるでしょうし、アメリカの言い分を聞かなければならないことになってしまう。それでも、アメリカの報復が確実に約束されることはない。

こうして、今日の日本の防衛政策は、究極のところで、「アメリカが報復するはずだ」という不確かなものの上に構築されているように思えてならないのです。考えられないことを考えるのが安全保障のイロハであるとすると、これはどうにもおかしい。

抑止と国土防衛

我々日本人は、抑止は破れないという前提に立っていろいろと議論していますが、アメリカは必ずしもそう考えてはいないのではないでしょうか。アメリカの戦略は、一貫して抑止が破れた場合には戦争に勝利すること、その力を持つことが抑止につながるという発想の上に成り立っています。抑止と実際の戦争を一体のもの、コインの裏表として認識しています。だから、「抑止力があればそれで議論は終わり」ではない。有事にどう戦うかが先決事項になるのです。

一方、日本人の発想では、「アメリカの抑止力が効いていれば戦争にならないのだから、何を犠牲にして、どう戦うかを議論する必要はない」となってしまう。「ミサイルを撃ち漏らした場合にはアメリカが報復する、それが抑止力になる」という論理がまさにそれだと思います。

そこには、ミサイルが着弾する、仮にそれが核弾頭であったら、というリアリティーがありません。

アメリカにとって北朝鮮との戦争とは、米本土を戦場とする戦争ではありません。だからアメリカは、まずは北朝鮮のミサイル・サイトを潰して、特殊部隊が核兵器を捕獲して、場合によっては北朝鮮のミサイルの射程内にある在日米軍基地から航空機を一時避難させて……といった形で、ある意味で「気軽に」戦争のプランを考えることができる。軍事的合理性が優先する世界です。アメリカにとって一番気を遣う作戦は、韓国と日本にいる自国民の避難くらいのものだと思います。

一方、日本や韓国にとっては、ミサイルが直接飛んでくるのですから、国土を戦場にする戦争です。そこでは、軍事的合理性を無視してでも自国民の安全確保が最優先されなければなりません。一発や二発のミサイルならともかく、全土が無差別に目標となるような戦争を想定すること自体があり得ないことになるでしょう。

アメリカの抑止力に頼る以上は、抑止が破綻した場合のアメリカの戦争に否応なく巻き込まれざるを得ません。ここに、同盟による抑止と防衛のジレンマがあります。

抑止と挑発

北朝鮮の側から見れば、最も怖いのはアメリカの核、二番目に怖いのは日本やグアムの基地から発進する爆撃機です。だから北朝鮮は、ミサイルをたくさん保有しています。

今年（二〇一七年）三月には、日本海の日本の排他的経済水域内を含む日本の近海に四発のミサイルを着弾させましたが、この時、北朝鮮は、これらのミサイルは在日米軍基地を標的にしていると発表しました。安倍首相はトランプ大統領との電話会談で、「北朝鮮の脅威が新たな段階に入ったとの認識で一致した」と言明しました。

しかしそれは、在日米軍基地を目標にしていることが明らかになったからではありません。ノドンをはじめとする北朝鮮の中距離ミサイルは、もともとグアムや日本の米軍基地を標的にしています。二〇一三年三月には、労働新聞を通じて「横須賀、三沢、沖縄、グアムとともに、米本土もミサイルの射程内にある」旨を発表しています。ミサイルの脅威が「新たな段階に入った」のは、米軍基地を狙っていることを公言したからではなく、ミサイルの着弾がほぼ同心円上に等間隔に分散していたことから、命中精度が上がったミサイルを複数同時に発射できるようになったと評価されたからです。米軍基地を攻撃するのは、戦争を始めるにあたって優先度の高い脅威を取り除くことが目的ですから、ピンポイントで、確実に基地を破壊しなければなりません。

　我々は、こうした北朝鮮の行動を挑発として非難しています。しかし、北朝鮮の側から見れば、直前に開始された米韓合同演習が彼らを挑発するものと映る。二〇一五年に改定された「日米防衛協力のための指針」、いわゆるガイドラインには、「適時かつ実践的な訓練・演習は、抑止を強化する」という記述があります。こうした演習は、相手に報復の恐怖を与えることによって攻撃を思いとどまらせることを目的にしているわけですから、恐怖を感じるほどに威圧的なものでなければ意味がない。

　他方、相手が本当に恐怖を感じて焦った場合には、「やられる前にやる」という発想で攻撃してくるかもしれない。その匙《さじ》加減は、実はかなり難しいのだと思います。

　七六年前の日本は、石油禁輸という制裁措置によって追い詰められ、石油があるうちに勝機をつかもうとして、アメリカとの勝つ見込みのない戦争に突入しました。真珠湾を奇襲してアメリカ太平洋艦隊の主力を殲滅すれば、戦争が早期に終わると考えたからでした。北朝鮮も、グアムと日本の米軍兵力に大きな損害を与えれば、自分にも勝機があると考えるかもしれません。

相手の誤算を防ぐためには、攻撃しなければこちらも攻撃しない、というメッセージが伝わらなければなりません。制裁も、示威的な演習も、抑止の効果を持つかもしれない一方、挑発の効果も持ちうることを認識しなければなりません。

同盟と国力

日本は、他国に脅威を与えるような強大な軍備を持たず、さりとて自らが力の空白となって侵略を招くことがないような防衛力を維持してきました。それは、憲法の制約と国民の軍事に対する否定的な意識を背景としつつ、経済的な国力の限界を踏まえた現実的な選択でした。

日本を含むほとんどの国にとって、自力ですべての脅威に見合った軍備を保有することは不可能です。予測される脅威と、自分で保有することができる防衛力の間には必ず乖離《かいり》がある。それをどのように埋めていくか。それが、軍事大国でない国にとっての安全保障政策にほかなりません。

日本は、それをアメリカの力によって埋めようとしてきました。そのかわり日本は、国土の中にアメリカの軍隊の駐留を受け入れることにしたわけです。米ソ対立の時代には、それでつじつまが合っていると考えられてきました。日本の防衛力を上回る侵略には、アメリカが救援してくれるということを信じて疑わなかったのです。

アメリカにとって最大の目標は自国の安全です。ライバルであるソ連がアメリカを攻撃しようとすれば太平洋を越えなければならない。極東に位置する日本は、その防壁ですから、日本を守ることは、すなわちアメリカ自身を守ることでした。我々は、ソ連との戦争に勝つために必要な力、核を含むすべての力の行使をアメリカに期待することができていました。

今日、ソ連がいなくなり、世界を二分する対立構造は消滅しました。今やアメリカを脅かすものは、中東を起点とする非国家主体との戦争と、アジアで台頭する中国による太平洋・インド洋におけるアメリカの覇権への挑戦です。いわゆる対テロ戦争では、日本は、兵力展開の中継地にすぎません。中国との対立と言っても、中国はアメリカの覇権を全否定するのではなく、太平洋を越えてアメリカに攻撃されないためにも、太平洋西半分の覇権の分有をめざしているにすぎません。いずれの場合も、アメリカの覇権にとっての意味はともかく、アメリカ自身の安全にとって、日本が防波堤という構造ではなくなってきている。

こうした構造変化の中で、アメリカが、従来のようにすべての力を使って日本を守ることはないのではないかという不安が生まれてくるのです。それは、アメリカが中国と戦争して勝てないほどに弱くなったからではなく、アメリカが、すべてを犠牲にして中国との戦争に勝とうとする気持ちがあるのか、そこが分からないからだと思います。

いずれにせよ、日本の防衛力を上回るすべての侵略にアメリカが救援するという期待感がなくなったということです。そこで、アメリカが今まで通り守ってくれるように、アメリカの手助けをするという発想が生まれてきます。

中国のミサイルが心配だからアメリカの空母が来てくれないというなら、日本が空母を守るミサイル防衛網を提供する、米軍基地を守り、弾薬や燃料も提供する、場合によっては、対テロ戦争にも協力することをいとわないなど、やるべきことはいくらでも出てくるでしょう。しかし、このやり方のリスクは、日本のために戦争するというアメリカの意志は、やはりアメリカ自身が決めるという単純な事実を埋め合わせることはできないということです。

際限のない協力がやがて同盟協力への徒労感につながるかもしれません。そもそも、やるべきことが定義されなければ、ミサイル防衛にいくらかけるのかといった費用が分かりません。お金だけでなく、対テロ戦争や対中封じ込めといった対米協力への国民の支持、あるいは不幸にして自衛隊員に犠牲が出た場合の国民世論の動向も、政治的費用として考えなければなりません。

国力を超えないための日米安保体制の選択が、国力を蝕《むしば》むことにならないか、そこに最大の不安があります。

同盟という選択

これまで見てきたように、日米の同盟関係には多くのジレンマがあります。それは、こちらが強くなろうとすれば相手も強くなろうとする力の相互作用から出てくるものですから、安全保障の本質から生じるジレンマとして避けて通ることはできないのだと思います。

同時に、日本の場合、アメリカという大国の要因を避けて通ることができないために、安全保障のジレンマが直接自分のジレンマとして認識されないという問題がありました。日本が他国に脅威を与える軍事大国にはならないという時、その背後には、他国に報復の脅威を与えるアメリカの存在がありました。日本にとっての戦争と抑止は、アメリカによる戦争と抑止の内側にあるもので、日本が自らの敵＝アメリカの敵と直接、抑止のゲームを演じることはなかったのです。

今、日本には二つの選択肢があります。大国との抑止のゲームに参加していく道と、そこから距離を置いていく道です。軍事的に大国ではない日本が抑止のゲームに参加していくためには、アメリカの力を借りなければなりません。そのためには、日米の一体化を進めることになりますが、その場合には、日本がアメリカに対して、日本が望む戦争（及びその裏返しである抑止）を求めるとともに望まない戦争をさせないよう求めていかなければなりません。

その理由は簡単で、アメリカが戦う時、その戦場は日本だからです。つまり、アメリカが大国としての覇権（あるいは秩序）の戦争をする時、日本は生存をかけた戦争をすることになる。アメリカに守ってもらうためには、究極のところ、その覚悟が必要です。

「自由と民主主義という価値を共有する」というだけで、国運をかけた戦争の判断が常に一致するとは限らない。そこに、この選択の難しさがあります。アメリカがその理由で戦争をする時、日本は同じ理由で外交はできても戦争することはできないのではないかというのが、私の実感です。その国民の時代精神が変わらない限り、日米一体化路線は、日本の国力に合わないのではないか、という心配です。

確かに、傍若無人の中国の振る舞いに憤りを覚えない人はいないと思います。しかし、日本は大国ではない。まして、アメリカの威光を借りて大国らしく振る舞っても、すぐに息切れするに違いありません。国力に合わない目標を持つことがやがて国の破滅につながる、というのが、三一〇万人の犠牲を出したかつてのアジア太平洋戦争の最大の教訓だと思います。

やはり我々は、アメリカはともかく、日本自身が他国に脅威を与えないという路線を続ける選択しかないのではないか。あっさり島を取られるようなことがない程度の防衛力は保持しながらも、進んで相手を挑発したり、自ら相手に恐怖を与えたりしないしないよう慎重な姿勢を貫くべきだと思います。

アメリカが、自らの覇権を守る意志があり、それがひいてはアメリカ自身の安全につながると考える限り、アメリカは、放っておいても覇権の戦争をする、あるいは覇権を脅かす敵を抑止しようとするでしょう。日本は、基地を提供して便宜を図るかたわら、覇権の戦争・抑止には関わらないことも可能だと思います。アメリカにその意欲がなければ、一体化の路線も成り立たないのは同じことです。

その場合、覇権の戦争が日本を戦場にして戦われることを防がなければなりません。そのためには、日本の基地からの直接の出撃を拒否し、アメリカによる先制攻撃を制約する必要があるかもしれません。それはそれで難しいことでしょうが、国の存亡がかかることですから、必死に追求しなければならないと思います。間違っても、日本の島を守るためにアメリカの軍事的介入を招いてはならない。それ以上の拡大は、アメリカの抑止力に任せるしかないとしても。

日米安保体制は、加藤朗さんが言うように、私が生まれて間もない頃からの選択の余地のない人生の現実です。世界が覇権国の力の論理で動いていることも現実です。今すぐに安保体制を止める選択は多分あり得ないと思います。そうであるからこそ、伊勢崎賢治さんが言うように、地位協定の不平等性を是正していかなければなりません。

しかし、大国ではない日本が、進んで力の論理の中に入っていくかどうかはまた別の選択ではないでしょうか。そんなことを考えながら、日米同盟と日本のアイデンティティーの形成過程を見守っていきたいと思っています。

（**追記**）本書の校正作業中の本年三月、政府は、南スーダン派遣部隊の撤収を決めました。イラク派遣でもそうでしたが、無事撤収してしまうと、何もなかったかのように検証が行われない可能性が高いと思われます。イラクは、駆け付け警護のような武器使用を前提としない活動でしたが、南スーダンは「駆け付け警護」という武器を使う任務が加わっていました。今後も安保法制は生き続けるのですから、怪我人が出ないうちにしっかり検証しておかなければならないと思います。なお現在、アメリカのシリア爆撃と北朝鮮を牽制するための空母派遣が関心を集めています。体制を潰したいのであれば戦争ですが、核や化学兵器を廃棄させたいのであれば交渉の枠組みをつくらなければなりません。ですが、武力で威嚇するだけのアメリカの行動には、戦略目標が見えない。政府は、こうしたアメリカの姿勢を支持していますが、戦略なきアメリカへの追随が日本の戦略という現状に、憂慮を禁じえません。

資料

〈提言〉
南スーダン自衛隊派遣を検証し、国際貢献の新しい選択肢を検討すべきだ

国会議員のみなさん、政党関係者のみなさん

この5月、南スーダンに派遣されていた自衛隊が帰国します。派遣されていた施設部隊の自衛官が、南スーダンの国づくりのため道路整備などで持てる技量を発揮して努力してきたのは、大いに誇ってよいことです。最後まで慎重に対応し、無事なままで帰国することを願います。

一方、この間の一連の経過は、国連PKOとそれを取り巻く国際環境が日本人のこれまでの常識とは異なるものになったもとで、日本は何をすべきかを問いかけています。そのためにも、南スーダンPKOへの自衛隊派遣をしっかり検証することが求められています。

よく知られているように、かつてPKOといえば、紛争当事者の停戦合意と受け入れ合意があり、紛争当事者に中立的な立場をとることが特質でしたが、その結果、ルワンダにおける大虐殺を防げなかったことを教訓として、「住民保護」のために交戦も辞さない方向へと舵を切りました。99年に出された国連事務総長告知「国連部隊による国際人道法の遵守」は、現場のすべてのPKO部隊に対して戦時に適用される「国際人道法の遵守」を求めていますが、それは国連部隊が紛争の当事者として交戦することを想定しているものです。南スーダンPKOも、当初は紛争などとは無縁でしたが、事実上の内戦状態となり、人道上の危機的な事態が進行する中で、筆頭任務が「住民保護」となり、「迅速で効果的な交戦」を行う先制攻撃可能な部隊の派遣まで決まりました。そうした状況下で、アムネスティ・インターナショナルなどの国際人道団体も、PKOに対して「住民保護」の任務をしっかりと果たせと求めています。

このような変化のなかで、今後も引き続きPKOに自衛隊の部隊を派遣するなら、「駆けつけ警護」どころではなく、本格的な武力行使の体制が必要となるでしょう。それなら別の選択肢を検討するべきでしょう。いずれの場合も、初めて「駆けつけ警護」任務を与えられた南スーダンの検証は不可欠です。無事に自衛隊が撤退することは大事ですが、それで何も問題がなかったということになってしまうと、今後も生き続ける新安保法制下で、教訓となるものが何も残らないということになりかねません。

国会議員のみなさん、政党関係者のみなさん

「自衛隊を活かす会」は、日本がどういう道を進むのであれ、国民の中での旺盛な議論を通じて、進むべき道への決意と覚悟が必要だと考えます。そのため、次のような3つの選択肢を提示し、国会議員と政党関係者のみなさんの議論を呼びかけます。

Ⅰ　自衛隊の部隊を今後も派遣する場合、議論と法律と部隊の整備を行う

紛争当事者に対して武力の行使をいとわなくなった国連PKOにおいて、自衛隊が何らかの役割を果たそうとすれば、武力行使には関与しないという姿勢は通用しません。憲法9条によって海外での武力行使を禁じられ、交戦権を否定する日本の自衛隊は、現在の変貌したPKOと本質的に相容れないのです。

日本がPKOに参加するようになって以降、その矛盾を解消するため、武器使用の権限を国際水準に近づける方向で法改正が行われてきましたが、隔たりは埋まらないどころか、自衛官はさらに大きな矛盾の中で活動することを余儀なくされています。

例えば、自己防衛のためなどに限られていた武器使用は、警護など任務遂行のためにも可能なようになりました。しかし、「敵を倒す」ことは、国際水準と異なって正当防衛などの場合だけに限られるので、他国の兵士と比べて自衛官の危険は増しています。にもかかわらず、憲法上の制約があるため、日本による交戦権の行使ではなく、個々人による武器使用だとされるため、自衛官には国際的な交戦法規が適用されず、捕虜にもなれないとされています。さらに、国家として命令し、部隊として行動しているのに、誤って民間人を殺傷した場合、自衛官個人の刑事責任が問われることになるのです。しかも、その自衛官を裁くのは軍事法廷ではなく、軍事問題の知識も経験もない一般の裁判所です。

このような矛盾に満ちた問題が放置されている状況下で、PKOに派遣された自衛官をめぐって万が一の事態が起きた場合、国民の中でそれを受けとめる覚悟はできていません。したがって、自衛隊を継続派遣することを選択する場合は、前記の諸問題をどう解決するのか、そのためにどんな法律と部隊の整備をするのか、交戦権を認めるか否か、憲法をどうするかも含めて徹底的に議論をするべきです。

Ⅱ　自衛隊の施設隊に替わって、自衛官を国連軍事監視員として派遣する

あまり知られていませんが、国連がPKOを軍事的な任務を付与して派遣するような場合、政治的な任務を持った丸腰・非武装の軍事監視員を国連職員の扱いで派遣することが少なくありません。軍事監視員は各国軍隊の少数の高級幹部で構成され、武器を持たずに身体を張って紛争当事者と接触することによって、停戦を守らせるのが仕事です。危険ですが大事な仕事であり、これまでも成果を上げてきました。

日本は、戦後の平和主義のもとで、直接の武力で戦争に関わらず、世界から中立的だと思われており、紛争の多いアフリカにおける植民地主義の過去がありません。この日本から軍事監視員が派遣されれば、内戦下の国であっても、貴重な役割を果たすことができるでしょう。非武装・丸腰ですから、憲法9条が禁止する武力行使の問題は生じません。

実は自衛隊は、2007年からの4年間、非武装の軍事監視要員6名をネパールに派遣した実績もあります。防衛省のホームページでは、「派遣隊員の高い規律心・責任感、リーダーシップ、誠実な職務遂行などは、現地の国連、諸外国の軍事監視要員などから高く評価されました」とあります。自衛官はこの分野でも経験があり、その能力が高いことは証明されているのです。

軍事監視員が武器を持たないことは、紛争当事者にとっては軍事的な中立のあかしであり、だからこそ停戦合意を守らせる力を発揮することができるのです。自衛官を軍事監視員として派遣する場合、武器使用権限を持った自衛隊を派遣し続けることは、軍事監視の仕事に悪影響を及ぼす恐れがあります。軍事監視員を派遣する場合、自衛隊の部隊は派遣すべきではありません。

Ⅲ　自衛隊に頼るのではなく、政府の外交努力と民間の貢献に徹する

自衛隊の派遣はどんなものであれ止める選択肢もあるでしょう。その場合も、各地で進行する人道危機を防ぐため、日本は何をするかが問われます。

まず第一に求められるのは、日本政府の外交努力です。先述したような軍事監視員の派遣が有効だという日本の立ち位置は、外交努力においても生かされるはずです。自衛隊撤退後の南スーダンで、大統領派と副大統領派の停戦合意を守らせるため、日本政府は両派にどう働きかけるかが問われます。両派に関わっている周辺諸国に対しても、武器の禁輸をはじめ紛争の拡大に関与しないよう求めるべきでしょう。

第二に、国民の一人ひとりにもやるべきことがあります。多くの国民は日本が「平和国家」であることを誇りにしていることでしょう。それならば、「われらは、全世界の国民が、ひとしく恐怖と欠乏から免かれ、平和のうちに生存する権利を有することを確認する」と憲法前文にもあるように、平和が脅かされ、虐殺と飢餓が進行する南スーダンはじめ各地で起きる事態を人ごとには思えないはずです。自衛隊を派遣しないとすれば、国民は何をするかが問われてきます。

現在、南スーダンと周辺諸国では、日本を含む各国のNGOが、医療や食糧援助などの民生支援で活動しています。こうした活動への資金提供は誰もができることです。

さらに、道路や橋の建設を支援するというなら、自衛隊ではなく民間のプロフェッショナルを派遣するほうが役に立つことも明白です。国はそういう取り組みを支援する仕組みをつくるべきでしょう。国民がこうした目に見える形で貢献していくことができれば、日本の軍事的な関与は不要だという世論が、日本でも世界でも形成されるに違いありません。

国会議員のみなさん、政党関係者のみなさん

自衛隊を活かす会は、5月17日、「南スーダン後の日本の国際貢献」をテーマに、政党・会派の代表の方をお招きし、円卓会議を開催したいと考えています。自衛官の方々にも参加を呼びかける予定です。

この会議に各政党・会派から代表（1名から4名）を派遣していただけませんか。そして、与野党が一致する選択肢を見いだすよう、ご一緒に努力しませんか。真剣なご検討をお願いします。

2017年4月17日

自衛隊を活かす会（「自衛隊を活かす：21世紀の憲法と防衛を考える会」）
代表・柳澤協二（元内閣官房副長官補）
伊勢﨑賢治（東京外国語大学教授）、加藤朗（桜美林大学教授）

〒151-0053 東京都渋谷区代々木2-12-2 カタログハウス気付
TEL 070-6420-0018（担当＝松竹）FAX 03-5365-1099

柳澤協二（やなぎさわ きょうじ）
一九四六年生。元内閣官房副長官補・防衛庁運用局長。国際地政学研究所理事長。「自衛隊を活かす会」代表。東京大学法学部卒業。歴代内閣の安全保障・危機管理関係の実務を担当。

伊勢崎賢治（いせざき けんじ）
一九五七年生。東京外国語大学大学院総合国際学研究院教授。早稲田大学大学院理工学研究科修士課程修了。国連PKO幹部として東ティモール暫定行政府の県知事を務めシエラレオネ、アフガニスタンで武装解除を指揮。

加藤 朗（かとう あきら）
一九五一年生。防衛庁防衛研究所を経、桜美林大学リベラルアーツ学群教授及び国際学研究所所長。「自衛隊を活かす会」呼びかけ人。専門は国際政治学、安全保障論。早稲田大学政治経済学部卒業。

新《しん》・日《にち》米《べい》安《あん》保《ぽ》論《ろん》

二〇一七年五月二二日 第一刷発行

集英社新書〇八八四A

著者……柳《やなぎ》澤《さわ》協《きょう》二《じ》／伊《い》勢《せ》崎《ざき》賢《けん》治《じ》／加《か》藤《とう》 朗《あきら》

発行者……茨木政彦

発行所……株式会社集英社
東京都千代田区一ツ橋二−五−一〇 郵便番号一〇一−八〇五〇
電話 〇三−三二三〇−六三九一（編集部）
〇三−三二三〇−六〇八〇（読者係）
〇三−三二三〇−六三九三（販売部）書店専用

装幀……原 研哉

印刷所……凸版印刷株式会社

製本所……ナショナル製本協同組合

定価はカバーに表示してあります。

 ISBN 978-4-08-720884-9 C0231

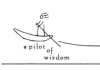